Teng-Hern Tan Loh
Learn-Han Lee
Bey-Hing Goh

Bioprospecção da atividade anti-Vibrio de espécies de Streptomyces

Teng-Hern Tan Loh
Learn-Han Lee
Bey-Hing Goh

Bioprospecção da atividade anti-Vibrio de espécies de Streptomyces

ScienciaScripts

Imprint

Any brand names and product names mentioned in this book are subject to trademark, brand or patent protection and are trademarks or registered trademarks of their respective holders. The use of brand names, product names, common names, trade names, product descriptions etc. even without a particular marking in this work is in no way to be construed to mean that such names may be regarded as unrestricted in respect of trademark and brand protection legislation and could thus be used by anyone.

Cover image: www.ingimage.com

This book is a translation from the original published under ISBN 978-3-659-85939-7.

Publisher:
Sciencia Scripts
is a trademark of
Dodo Books Indian Ocean Ltd. and OmniScriptum S.R.L publishing group

120 High Road, East Finchley, London, N2 9ED, United Kingdom
Str. Armeneasca 28/1, office 1, Chisinau MD-2012, Republic of Moldova, Europe
Printed at: see last page
ISBN: 978-620-5-51817-5

Copyright © Teng-Hern Tan Loh, Learn-Han Lee, Bey-Hing Goh
Copyright © 2024 Dodo Books Indian Ocean Ltd. and OmniScriptum S.R.L publishing group

Resumo

O aparecimento e a propagação de bactérias resistentes aos antibióticos, particularmente Vibrio sp., resultaram em infecções difíceis de tratar que têm um grande impacto na aquicultura e na indústria das pescas. Por conseguinte, é necessário procurar alternativas mais eficazes e respeitadoras do ambiente para ultrapassar este problema. As bactérias do género Streptomyces são um produtor prolífico de muitos compostos bioactivos. Numerosos estudos relataram espécies de Streptomyces com atividade antibacteriana contra Vibrio sp. e sugeriram que Streptomyces poderia ser um bom candidato para o tratamento de infecções por Vibrio. Assim, esta revisão fornece uma visão sobre a distribuição dos Streptomyces com atividade anti-Vibrio de diversas localizações geográficas. Além disso, foram discutidos os efeitos de diferentes parâmetros envolvidos no processo de fermentação na produção de metabolitos secundários pelas estirpes de Streptomyces anti-Vibrio. Foram também destacados vários compostos bioactivos com atividade anti-Vibrio identificados a partir de Streptomyces sp., mostrando que Streptomyces sp. pode ser uma grande fonte de agentes anti-Vibrio para controlar a vibriose. Além disso, foi também avaliada a aplicabilidade de Streptomyces como probiótico para a prevenção da vibriose em aquacultura.

Dedicado aos meus pais,

Tan Hui-Pien e Lai Poh-Choo

Agradecimentos

O autor gostaria de expressar a sua sincera gratidão ao Dr. Goh Bey Hing e ao Dr. Lee Learn pelos seus valiosos conselhos, orientação e apoio ao longo dos meus estudos de doutoramento na Monash University Malaysia. Além disso, o autor agradece vivamente os seus contributos significativos para a redação, edição e revisão deste trabalho. Sem a sua ajuda persistente, este livro não teria sido possível.

O autor também gostaria de aproveitar esta oportunidade para agradecer a todos os meus colegas de laboratório pelo seu encorajamento. A minha profunda gratidão aos meus pais pelo seu amor e apoio incondicional. Os meus agradecimentos à Lambert Academic Publishing e aos seus colaboradores pelo esforço em tornar a publicação deste livro uma realidade.

Este trabalho foi apoiado pela Monash University Malaysia ECR Grant (5140077000-00), Ministério da Ciência, Tecnologia e Inovação da Malásia (MOSTI), eScience Funds (02-02-10-SF0215 & 06-02-10-SF0300) e External Industry Grants da Biotek Abadi Sdn Bhd (votação n.º GBA-808138 e GBA-808813).

Muito obrigado.

Autor

15th abril 2016

Índice

List of Abbreviations

AHPND	acute hepatopancreatic necrosis disease
ICE	Integrative conjugative elements
MIB	2-methylisoborneol
SPI	*Streptomyces* papain inhibitor
T3SS	Type III secretion system

CAPÍTULO 1

1. Introdução

O marisco é bem conhecido pelo seu valor nutricional e é reconhecido como uma escolha alimentar saudável para a principal fonte de proteínas na dieta humana. Tem sido evidenciado que o crescimento acelerado da aquicultura comercial para o fornecimento total de marisco está a crescer em dobras, a fim de satisfazer o aumento da procura de marisco a nível mundial nas últimas décadas (Hixson, 2014). No entanto, o marisco é vulnerável a vários contaminantes, incluindo microrganismos patogénicos como o Vibrio, que representam um elevado risco de doenças transmitidas pelo marisco e pela água para os consumidores (Letchumanan et al., 2015c). O marisco pode ser um veículo para Vibrio patogénico (Garrido-Maestu et al., 2016), que tem sido associado a gastroenterites e infecções de feridas em seres humanos (Hou et al., 2011), como V. vulnificus (Horseman e Surani, 2011), V. parahaemolyticus (Letchumanan et al., 2014) e V. cholerae (Senderovich et al., 2010). Recentemente, a Rede de Vigilância Ativa de Doenças Transmitidas por Alimentos (FoodNet) comunicou que o Vibrio sp. provocou 216 infecções com uma incidência de 0,45 por 100 000 habitantes nos Estados Unidos. A FoodNet também indicou que os casos de infeção por Vibrio em 2014 foram significativamente mais elevados, com um aumento de 52 % em comparação com a incidência anterior registada entre 2006 e 2008 (Crim et al., 2015). Além disso, vários surtos causados por *Vibrio* sp. foram recentemente comunicados em muitas partes do globo (Diaz-Quinonez et al., 2014; Kumar et al., 2014; Ma et al., 2014). Em particular, o maior surto de cólera foi registado no Haiti em outubro de 2010, com mais de sete mil mortes registadas pela primeira vez em mais de um século (Control and Prevention, 2012).

A principal causa de gastroenterite associada a marisco, *V. parahaemolyticus*, tem provocado anualmente cerca de 35 000 casos de infecções de origem alimentar nos Estados Unidos. O *V. parahaemolyticus* é também responsável por surtos multiestatais associados ao consumo de marisco entre 2012 e 2013 (Newton et al., 2014; Haendiges et al., 2015). Para além de causar doenças relacionadas com o marisco nos seres humanos, as espécies de *Vibrio* também têm um grande impacto na aquicultura ao causar vibriose, dificultando o crescimento progressivo da indústria pesqueira e causando graves perdas económicas em todo o mundo. *O Vibrio* sp. é reconhecido como a principal ameaça à indústria da aquicultura, causando doenças infecciosas bacterianas no gado marinho. *Os V. harveyi, V. alginolyticus, V. anguillarum, V. salmonicida, V. mimicus* e *V. parahaemolyticus* são os agentes etiológicos da vibriose (Shruti, 2012), tendo sido registadas mortalidades até 100% devido à vibriose em aquacultura. Por exemplo, a vibriose luminosa causada por *V. harveyi* tem sido associada à mortalidade em massa do camarão-tigre preto *Penaeus monodon* (Lavilla-Pitogo et al., 1990;Karunasagar et al., 1994;Austin e Zhang, 2006). Recentemente, *V. mimicus* foi relatado como responsável por uma epidemia com alta taxa de mortalidade entre 80 e 100% em bagres encontrados na China (Geng et al., 2014). Consequentemente, a vibriose tem um enorme impacto na aquacultura, levando à utilização de antibióticos como medida profiláctica ou para tratar as infecções estabelecidas nos sistemas de cultura. No entanto, a utilização rotineira e descontrolada de antibióticos para prevenir a vibriose na aquicultura resulta no aparecimento de estirpes de agentes patogénicos resistentes aos antibióticos, o que leva à ineficácia da terapia antibiótica existente (Lalumera et al., 2004). Assim, é necessário procurar alternativas mais eficazes e respeitadoras do ambiente para ultrapassar este problema. A este respeito, foram evidenciados esforços recentes na procura de compostos químicos naturais derivados de plantas (Acharyya et al., 2009; Tan et al., 2015b), animais (Kobayashi e Ishibashi, 1993) ou origens microbianas (Dharmaraj, 2010) e os seus efeitos antimicrobianos foram explorados para serem utilizados como estratégia de intervenção contra as estirpes de Vibrio resistentes aos antibióticos.

O interesse na descoberta de compostos bioactivos de origem microbiana está a aumentar entre os investigadores, uma vez que o microbiota do mar e do solo está frequentemente exposto a ambientes complexos, flutuantes e competitivos, que podem ser as forças motrizes para a adaptação das vias metabólicas, resultando na produção de metabolitos valiosos (Hong et al., 2009). A riqueza extremamente diversa e insuperável do metabolismo secundário exibido por Streptomyces fez com que estas bactérias filamentosas servissem como uma fonte rica e produtores prolíficos de compostos bioactivos valiosos (Hong et al., 2009;Hwang et al., 2014;Lee et al., 2014a;Lee et al., 2014b;Ser et al., 2015a;Ser et al., 2015d). Desde a descoberta da estreptomicina como o primeiro antibiótico de Streptomyces terapeuticamente benéfico em 1944 (Schatz et al., 1944), sabe-se que as espécies de Streptomyces sintetizam uma grande variedade de metabolitos secundários bioactivos, incluindo antibióticos, agentes antitumorais, antiparasitários, agentes imunossupressores e enzimas (Dharmaraj, 2010;Manivasagan et al., 2013). O género Streptomyces é ubíquo no solo e também capaz de habitar numa vasta gama de outros nichos, como o ambiente aquático. Estudos também indicaram o isolamento de espécies de Streptomyces de animais marinhos (Nair et al., 2011) e como simbiontes de plantas (Schrey e Tarkka, 2008) e insectos (Kaltenpoth et al., 2012). Por conseguinte, tentámos avaliar o potencial de Streptomyces como fonte de antibióticos contra as estirpes de Vibrio resistentes a antibióticos. A revisão discute o conhecimento atual sobre Streptomyces como um promissor agente de biocontrolo de Vibrio e avalia estas estirpes anti-Vibrio de Streptomyces em termos da sua distribuição, isolamento, produção de metabolitos secundários, bem como a sua potencial aplicação como probiótico em aquacultura. Além disso, a Figura 1 apresenta um resumo gráfico que resume o potencial das bactérias Streptomyces como fonte de metabolitos anti-Vibrio e a sua aplicação como probiótico em aquacultura.

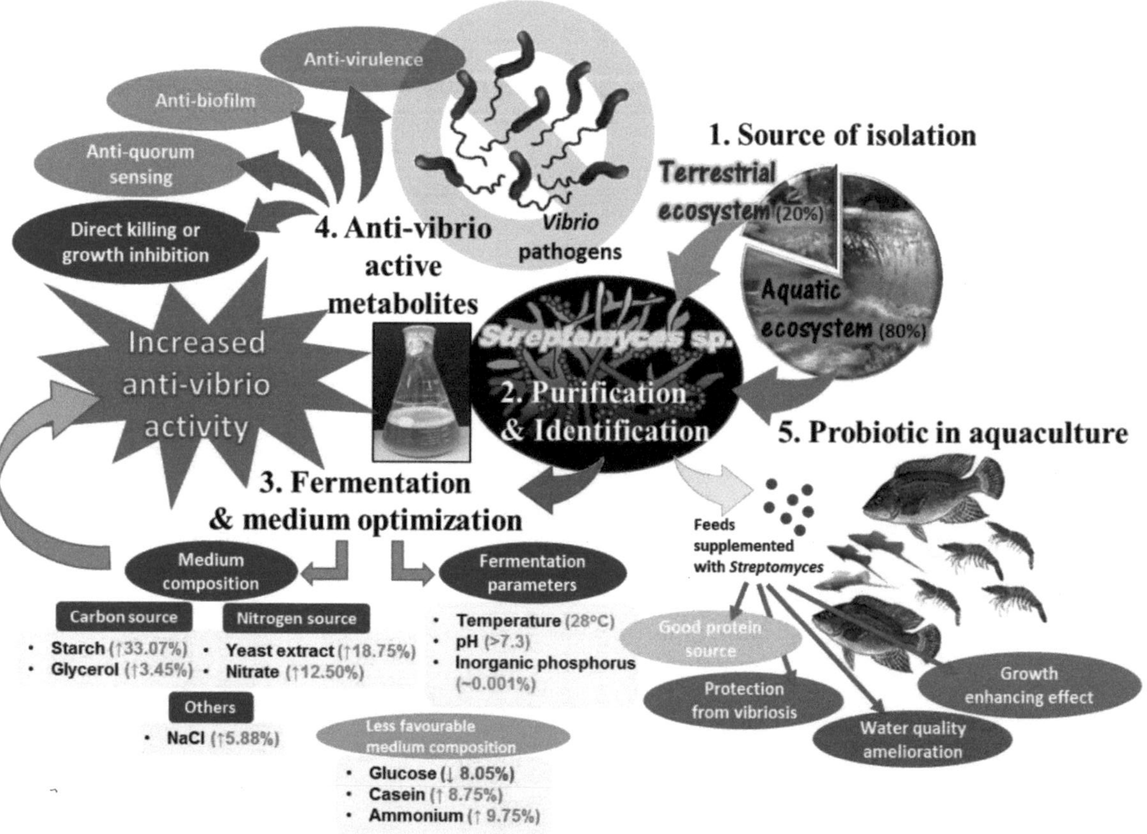

Figura 1: Resumo do potencial da bactéria Streptomyces como fonte de agente de

biocontrolo anti-Vibrio e da sua aplicação como probiótico em aquacultura. 1. Esta secção ilustra o isolamento de Streptomyces de dois ecossistemas diferentes, terrestre e aquático, que são representados com a respectiva percentagem de isolamento de estirpes de Streptomyces que demonstraram atividade anti-Vibrio. (A percentagem de isolamento de fontes específicas de ambos os ecossistemas é fornecida no texto). 2. Os isolados são purificados e identificados através da sequenciação do 16S rRNA. 3. A fermentação é conduzida para induzir a produção de metabolitos activos anti-Vibrio por Streptomyces. O amido e o glicerol são ambas boas fontes de carbono para os Streptomyces produzirem metabolitos com melhor atividade anti-Vibrio (a percentagem mostra as alterações no anti-Vibrio quando adicionado com o componente indicado no meio de fermentação). Do mesmo modo, o extrato de levedura e o nitrato são as fontes de azoto preferíveis em comparação com a caseína e o amónio para a produção de metabolitos com melhor atividade anti-Vibrio pelos Streptomyces. Os parâmetros de fermentação apresentados são as condições óptimas para a produção de metabolitos activos anti-Vibrio. 4. Os metabolitos activos anti-Vibrio produzidos não só exibem um efeito direto de morte ou de inibição do crescimento contra os agentes patogénicos Vibrio, como também são demonstrados mecanismos específicos como a atividade anti-virulência, anti-biofilme e anti-quorum sensing contra os agentes patogénicos Vibrio. 5. Streptomyces também demonstra o potencial para ser utilizado como probiótico em aquacultura, apresentando vários mecanismos para manter uma aquacultura sustentável. Para além de mostrar um efeito protetor contra a vibriose, Streptomyces pode também ajudar a aumentar o crescimento dos organismos da aquicultura, melhorando a qualidade da água e actuando como uma boa fonte de proteínas.

CAPÍTULO 2

2.   Vibrio sp. e factores de virulência

O género Vibrio é um dos seis géneros da família Vibrionaceae, que também é constituída pelos géneros Aeromonas, Plesiomonas e Photobacterium (Farmer Iii e Hickman-Brenner, 2006). Geralmente, o género Vibrio é constituído por bactérias Gram-negativas, halofílicas e com forma de bastonete curvo. São geralmente os habitantes omnipresentes das águas costeiras e estuarinas quentes em todo o mundo e podem também ser encontrados em abundância no intestino de moluscos que se alimentam por filtração. Há pelo menos 12 espécies de Vibrio conhecidas por serem patogénicas para os seres humanos e sempre associadas a doenças de origem alimentar (Pruzzo et al., 2005). Para além de serem capazes de causar pandemias maciças que resultam em muitos casos de infecções e mortes em todo o mundo, alguns dos Vibrios são conhecidos por serem patogénicos para organismos aquáticos, tais como peixes ósseos, moluscos e corais.

Os factores de virulência são as caraterísticas moleculares únicas de um agente patogénico, não só utilizadas para conseguir a colonização, a infeção e os danos num hospedeiro, como também se pensa que foram desenvolvidas para a aquisição de nutrientes no ambiente (Johnson, 2013). Foram descritos numerosos factores de virulência para o Vibrio sp., incluindo os três principais Vibrio sp. patogénicos para o homem, o V. cholerae, o V. parahaemolyticus e o V. vulnificus. Por exemplo, os factores de virulência mais amplamente descritos, a toxina da cólera (CTX) e a enterotoxina encontradas em V. cholerae (Haan e Hirst, 2004), a hemolisina direta termoestável (tdh) e a hemolisina relacionada com a tdh (trh) em V. parahaemolyticus (Letchumanan et al., 2014) e o polissacárido da cápsula (CPS) em V. vulnificus (Jones e Oliver, 2009). Todos estes factores de virulência descritos estão localizados na superfície ou são secretados pelas bactérias. Assim, um sistema de secreção específico é essencial para o transporte destes factores de virulência para fora das células bacterianas. Os sistemas de secreção do tipo III (T3SS1 e T3SS2) são os sistemas bem caracterizados que foram concebidos para injetar factores de virulência efectores em células hospedeiras eucarióticas e, por conseguinte, desempenham um papel importante na patogenicidade dos agentes patogénicos Vibrio. De acordo com (Cano-Gomez et al., 2009), a patogenicidade das bactérias nem sempre depende da presença de genes de virulência. No entanto, estudos demonstraram que a regulação da expressão de genes de virulência pode ser o aspeto crítico para a patogenicidade de uma estirpe bacteriana em que a expressão mais elevada desses genes de virulência torna as estirpes bacterianas virulentas. A deteção do quórum é um mecanismo de regulação dos genes adaptado pelas bactérias para coordenar a expressão de determinados genes, especialmente os responsáveis por fenótipos de virulência, em resposta à presença de pequenas moléculas de sinalização (Schauder e Bassler, 2001). Foi referido que as bactérias Vibrio possuem dois tipos de sistemas de quorum-sensing, o sistema de N-acil-homoserina lactona e o sistema de quorum-sensing multicanal (Miller et al., 2002; Lupp e Ruby, 2005).

Foram utilizadas muitas abordagens para controlar as infecções por Vibrio, incluindo a utilização de antibióticos, desinfectantes da água, vacinas, imunoestimulantes e probióticos na aquicultura (Verschuere et al., 2000; Tan et al., 2016b). No entanto, são necessários novos antibióticos ou abordagens quimioterapêuticas para fazer face às evidências cada vez maiores de resistência aos antibióticos entre os Vibrio sp. Além disso, a inibição dos factores de virulência dos agentes patogénicos é uma alternativa para matar os agentes patogénicos Vibrio, como a perturbação da sinalização bacteriana célula-a-célula ou do quorum sensing e o desenvolvimento de compostos antagonistas (terapia antivirulência) que visam especificamente a maquinaria de virulência dos agentes patogénicos Vibrio. Por conseguinte, é importante compreender plenamente o mecanismo de regulação da virulência (descrito anteriormente), a fim de identificar melhores alvos terapêuticos para a prevenção de surtos causados por agentes patogénicos Vibrio. Nesta revisão, a bactéria Streptomyces é escolhida como candidata para controlar e tratar a doença Vibrio com base no potencial da bactéria Streptomyces na produção de compostos anti-Vibrio e na sua aplicabilidade como probiótico na aquacultura.

CAPÍTULO 3

3.   Emergência de Vibrio sp. resistente a antibióticos.

A resistência antimicrobiana das bactérias patogénicas constitui uma grande preocupação para a saúde mundial e o aumento da prevalência de agentes patogénicos resistentes aos antimicrobianos foi evidente devido à utilização excessiva de antibióticos nas últimas décadas (Holmstrom et al., 2003; Lalumera et al., 2004; Letchumanan et al., 2015a). Devido aos enormes efeitos prejudiciais para o ambiente, muitos dos antibióticos foram totalmente restringidos na agricultura e na aquicultura dos países desenvolvidos. Apesar disso, a utilização de antibióticos continua a não estar sujeita a restrições em países com indústrias agrícolas e aquícolas em crescimento, como a China, o Chile e a Tailândia. Os estudos referem que os antibióticos são utilizados de forma profiláctica pela maioria dos agricultores nos sectores da aquicultura e da agricultura. Um estudo revelou que a utilização de antibióticos em aquacultura é inevitável para prevenir ou tratar surtos de doenças, particularmente infecções causadas por bactérias Vibrio, tendo sido observada uma utilização excessiva e frequente de antibióticos como gestão preventiva na criação de camarões na Tailândia (Holmstrom et al., 2003). Um total de 86% dos criadores de camarão da Tailândia foi relatado como altamente dependente do uso de antibióticos como medida preventiva, 14% das fazendas até mesmo usavam antibióticos diariamente. Norfloxacina, oxitetraciclina, enrofloxacina e diferentes sulfonamidas foram os antibióticos comumente usados em fazendas de camarão relatados pelo estudo (Holmstrom et al., 2003). O uso frequente de antibióticos também é amplamente evidente em outras regiões, como México (Roque et al., 2001), Filipinas (Tendencia e de la Pena, 2001), Itália (Lalumera et al., 2004) e China (Zou et al., 2011).

Vibrio sp. é autóctone em vários ambientes aquáticos, incluindo estuários, águas costeiras e sedimentos (Johnson, 2013). Com as evidências do enorme uso indevido de antibióticos na aquicultura, não é surpreendente que haja cada vez mais relatos de espécies de Vibrio multirresistentes em ambientes de aquicultura e ambientes marinhos. Por exemplo, um estudo recente mostrou a presença de Vibrio sp. resistente a /Mactam e tetraciclina isolados da hemolinfa do camarão *Litopenaeus vannamei* (Albuquerque Costa et al., 2015). Além disso, um estudo recente relatou o isolamento de um *V. parahaemolyticus* resistente à tetraciclina mediado por plasmídeo de camarões infectados com a doença da necrose hepatopancreática aguda (AHPND), indicando a presença de resistência a antibióticos que pode ser potencialmente transferida através de transposição, conjugação e absorção de plasmídeo para outras espécies bacterianas no mesmo ambiente (Han et al., 2015). A doença AHPND, também conhecida como síndrome da mortalidade precoce, é uma das principais ameaças ao cultivo de camarão e tem causado mortalidade severa de até 100% na aquicultura de *P. vannamei* e *P. monodon* (Leano e Mohan, 2012; Lightner et al., 2012). Recentemente, Castillo et al. (2015) relataram um projeto de sequência genómica de V. parahaemolyticus estirpe VH3 obtida a partir de amberjack cultivado na Grécia. Verificou-se que a estirpe VH3 possuía bombas de efluxo multirresistentes e genes de resistência a antibióticos para fluoroquinolonas e tetraciclina (Castillo et al., 2015). Para além das evidências recentes, V. parahaemolyticus foi também reportado como resistente a numerosas classes de antibióticos, tais como penicilinas (ampicilina), aminoglicosídeos (amicacina, canamicina, estreptomicina), cefalosporinas (cefotaxima, ceftazidima, cefazolina) (Jun et al, 2012;Letchumanan et al., 2015b), quinolonas (ciprofloxacina, ácido nalidíxico), macrólidos (azitromicina, eritromicina) e cloranfenicol (Chao et al., 2009;Xu et al., 2016).

Para além dos relatórios sobre estirpes de Vibrio sp. resistentes a antibióticos associadas à aquicultura, um grande número de publicações centrou-se na resistência aos antibióticos de V. cholerae (Kitaoka et al., 2011; Miwanda et al., 2015), o agente causador da cólera, que é uma doença diarreica infecciosa associada a choque hipovolémico e fezes aquosas de arroz. Esta bactéria parece ser um problema reemergente para os seres humanos em todo o mundo, causando muitos surtos de doenças e pandemias que exigiram uma monitorização constante devido ao seu perfil de resistência aos antibióticos em constante mudança. Nas últimas décadas, a V. cholerae multirresistente foi notificada em muitas regiões do mundo, especialmente nos países subdesenvolvidos e em desenvolvimento, como o Bangladesh (Glass et al., 1983), a Índia (Garg et al., 2000), a África (Dalsgaard et al., 2001), o Haiti (Sjolund-Karlsson et al., 2011) e o Vietname (Tran et al., 2012). Os relatórios demonstraram que os isolados clínicos de V. cholerae, o principal agente causador de vários surtos, se tornaram resistentes a numerosos antibióticos, incluindo a tetraciclina (Roychowdhury et al, 2008), ampicilina (Petroni et al., 2002), ácido nalidíxico (Khan et al., 2015), estreptomicina, sulfonamidas, trimetoprim, gentamicina (Dalsgaard et al., 1999) e ciprofloxacina (Khan et al., 2015). A literatura tem revelado que a V. cholerae é uma bactéria naturalmente competente que contém um genoma altamente diversificado (plasticidade genómica), absorvendo facilmente ADN externo e possivelmente recombinando-o no seu genoma (Meibom et al., 2005). A resistência aos antibióticos em V. cholerae foi atribuída à modificação do alvo ou à aquisição de cassetes de genes de resistência a partir de elementos genéticos móveis (MGE). Sabe-se que os elementos conjugativos integrativos (ICE) e os superintegrões são as principais fontes que conferem resistência aos antibióticos em V. cholerae. Por exemplo, o elemento SXT, um ICE responsável pela translocação de genes, encontra-se em V. cholerae e codifica vários genes de resistência a antibióticos, como o cloranfenicol, o sulfametoxazol, o trimetoprim e a estreptomicina (Waldor et al., 1996). A literatura indicou que estes elementos SXT e outros estreitamente relacionados estão presentes em quase todos os isolados clínicos de V. cholerae e em alguns isolados ambientais da Ásia e de África (Burrus et al., 2006). Além disso, um grupo de investigadores confirmou que os elementos SXT eram os vectores de genes que conferiam resistência a múltiplas drogas na epidemia chinesa O1 de V. cholerae à tetraciclina e ao trimetoprim- sulfametoxazol (Wang et al., 2016). Verifica-se que o desenvolvimento de resistência limita o tempo de vida útil do antibiótico e resulta na necessidade de uma introdução constante de novos compostos (Bush et al., 2011; Spellberg e Shlaes, 2014).

CAPÍTULO 4

4.   A lógica do género Streptomyces sp. como fonte potencial de agentes
antibacterianos

O género Streptomyces (filo: Actinobacteria) é uma bactéria Gram-positiva, com
um genoma com elevado teor de G+C (70%), do solo, com um crescimento filamentoso
caracterizado que envolve a extensão da ponta e a ramificação de filamentos que
acabam por formar uma rede de filamentos designada micélio de substrato (Flardh e
Buttner, 2009). Curiosamente, os Streptomyces possuem um ciclo de desenvolvimento
notavelmente complexo (Manteca et al., 2008), no qual são capazes de passar da fase
vegetativa (micélio de substrato) para uma fase de esporulação reprodutiva (micélio de
hifas aéreas) sob stress ambiental e condições de cultivo sólidas (Hwang et al., 2014).
Foi relatado que os metabolitos secundários são produzidos no final do crescimento
vegetativo ativo e durante a fase de dormência ou reprodução (van Wezel e McDowall,
2011). Desde a descoberta da estreptomicina como o primeiro antibiótico
terapeuticamente benéfico, descoberto há mais de 70 anos a partir de S. griseus (Schatz
et al, 1944), as bactérias Streptomyces continuam a ser fontes prolíficas de novos
metabolitos secundários com uma gama diversificada de actividades biológicas, tais
como atividade antibacteriana, antitumoral, antiviral, antifúngica, imunossupressora,
antifeedante, inseticida e neuroprotectora (Manivasagan et al., 2013; Lee et al.,
2014a;Ser et al, 2015e). Até à data, numerosas revisões descreveram a produção de
enzimas e compostos valiosos por Streptomyces com importância industrial e clínica
(Berdy, 2005; Solecka et al., 2012; Manivasagan et al., 2013).

Os metabolitos secundários documentados de Streptomyces são estruturalmente
diversos e baseiam-se em - algumas estruturas de espinha dorsal diferentes, tais como
policetídeos, 0-lactamas, péptidos e pirroles (van Wezel e McDowall, 2011;Ser et al.,
2015a). Os compostos bioactivos incluem glicopeptídeos (vancomicina, teicoplanina,
telavancina) (Yim et al, 2014), anguciclina (tetrangomicina, landomicina, urdamicina)
(Rohr e Thiericke, 1992), tetraciclina (clortetraciclina, oxitetraciclina, demeclociclina)
(Chopra e Roberts, 2001), fenazinas (safenamicina, endofenazina, fenazinomicina)
(Laursen e Nielsen, 2004), macrólidos (eritromicina, espiramicina, oleandomicina)
(Zhanel et al., 2001), aminoglicosídeos (estreptomicina, canamicina, tobramicina)
(Kudo e Eguchi, 2009), benzoxazolofenantridina (jadomicina) (Syvitski et al., 2006),
oligossacáridos (flambamicina, avilamicina, curamicina) (de Leder Kremer e Gallo-
Rodriguez, 2004) e outros. Assim, as enormes capacidades biossintéticas dos
Streptomyces tornaram-nos recursos insubstituíveis para produtos naturais
microbianos no mundo microbiano.

Verificou-se que a maioria dos metabolitos secundários produzidos em Streptomyces são conhecidos como antibióticos devido à necessidade de inibir o crescimento de outros microrganismos concorrentes presentes no mesmo ambiente (Slattery et al., 2001). A produção de metabolitos secundários é também um processo importante envolvido na simbiose entre os Streptomyces e as plantas, em que se sabe que os Streptomyces existem saprofiticamente, colonizando as raízes das plantas e mesmo nos tecidos vegetais. Foi evidenciado que os antibióticos produzidos por Streptomyces protegem a planta hospedeira de potenciais agentes patogénicos, enquanto os simbiontes fornecem nutrientes para o desenvolvimento de Streptomyces (Schrey e Tarkka, 2008). Os solos terrestres são os habitats clássicos de Streptomyces sp. mas as evidências actuais indicam que os Streptomyces também podem ser isolados de solos marinhos (Ser et al., 2015a; Tan et al., 2015a). Estes solos são conhecidos por serem ambientes complexos com muitos factores de stress, como a disponibilidade diversificada e variável de nutrientes, a enorme flutuação da temperatura, o pH e a salinidade (Basilio et al., 2003). Sendo um grupo de microrganismos não móveis, as espécies de Streptomyces têm de evoluir para sobreviver aos diversos desafios ambientais. Bentley et al. (2002) explicaram que o grande genoma (>8Mbp) de Streptomyces sp. que codifica reguladores, proteínas de transporte e enzimas permite-lhes combater mais eficazmente esses factores de stress ambiental. Por exemplo, um cromossoma linear com mais de 8 Mega pares de bases, o primeiro e maior genoma microbiano de sempre, foi completamente sequenciado a partir de Streptomyces coelicolor A3(2) em 2001 (Bentley et al., 2002). Foi demonstrado que uma grande proporção do genoma contém genes reguladores que provavelmente estão envolvidos na deteção e resposta a estímulos e tensões extracelulares (Bentley et al., 2002). Além disso, verificou-se que cerca de 23 grupos de genes, que representam 4,5% do genoma total, estavam codificados para as enzimas biossintéticas que produzem uma vasta gama de metabolitos secundários. Ikeda et al. (2003) revelaram ainda um grupo de genes de metabolismo secundário maior, abrangendo aproximadamente 6% do genoma encontrado em S. avermitilis ATCC31267. O genoma de Streptomyces é significativamente maior em comparação com o recente cromossoma de 5,1 mega pares de bases do género Bacillus, um dos géneros bacterianos mais bem caracterizados, como o B. megaterium, que tem sido amplamente explorado para utilização biotecnológica na produção alimentar e farmacêutica (Eppinger et al., 2011). À luz do conhecimento crescente da genética microbiana e da genómica, a prospeção do genoma revelou o potencial de Streptomyces sp. na síntese de uma grande diversidade de compostos que não tinham sido identificados anteriormente através da deteção de numerosos grupos de genes biossintéticos de metabolitos secundários novos e crípticos (Ser et al., 2015b; Weber et al., 2015). De um modo geral, estas caraterísticas interessantes de Streptomyces demonstraram que este género é um excelente candidato para a bioprospecção de compostos bioactivos com propriedades antibacterianas, especialmente na atividade anti-Vibrio, que é o foco principal desta revisão.

CAPÍTULO 5

5.	O conhecimento atual dos Streptomyces com atividade anti-Vibrio

Com os dados atualmente disponíveis provenientes de 64 estudos (Quadro 1), existem cerca de 128 estirpes de Streptomyces que exibiram atividade antibacteriana contra Vibrio sp. Foi demonstrado que duas e três estirpes de Streptomyces apresentavam atividade antivirulência e antibiofilme contra Vibrio sp. respetivamente. O quadro 1 mostra o número de estirpes de Streptomyces com atividade anti-Vibrio identificadas a partir destes estudos, com diferentes fases de trabalho realizadas, desde a fase de rastreio preliminar até à caraterização aprofundada de uma estirpe específica de Streptomyces que exibia atividade anti-Vibrio. Com base nestes estudos, as estirpes de Streptomyces com actividades anti-Vibrio foram isoladas de diversos ecossistemas, como sedimentos recolhidos de diversos ambientes, desde ambientes terrestres a marinhos, e de organismos marinhos a plantas aquáticas. Como se pode ver no quadro 1, 80% dos estudos revelaram que o isolamento de estirpes de Streptomyces com actividades anti-Vibrio foram isoladas de ambientes aquáticos, enquanto os restantes 20% dos estudos mostraram que as estirpes de Streptomyces com actividades anti-Vibrio eram de origem terrestre. A maioria dos estudos (48,3%) isolou Streptomyces com atividade anti-Vibrio de sedimentos marinhos e de mangais, seguidos de organismos marinhos como esponjas, corais e peixes (21,7%), solos terrestres (18,3%), plantas aquáticas (6,7%), água (3,3%) e plantas terrestres (1,7%). Entre as 128 estirpes de Streptomyces com atividade antibacteriana contra Vibrio sp. 116 estirpes (90%) foram isoladas de ambientes aquáticos. Isto sugere que o ecossistema marinho poderia ser uma fonte mais preferível para o isolamento de Streptomyces com atividade anti-Vibrio em comparação com as amostras recolhidas em regiões terrestres. Apesar disso, não se pode ignorar que o solo terrestre pode ser uma fonte potencial de estirpes de Streptomyces com atividade anti-Vibrio. De facto, foram comunicadas algumas estirpes de Streptomyces interessantes com atividade anti-Vibrio a partir de solos terrestres (Rateb et al., 2011; Arasu et al., 2014).

O número significativamente mais baixo de estudos que indicam Streptomyces com atividade anti-Vibrio a partir de ambientes terrestres, em comparação com o número muito mais elevado de estudos sobre Streptomyces marinhos, pode ser explicado pelas tendências e abordagens actuais utilizadas na maioria dos programas de descoberta de medicamentos. A taxa mais elevada de isolamento de estirpes de Streptomyces do ambiente marinho pode dever-se ao recente interesse dos investigadores pela descoberta de produtos naturais marinhos, uma vez que muitos géneros e espécies de bactérias com produção de novos compostos foram recentemente recuperados do ambiente marinho. Noutro contexto, estes fenómenos parecem implicar que os recursos a que se pode aceder facilmente foram esgotados, uma vez que, ao longo dos anos, se observaram estudos extensivos sobre os microrganismos derivados do solo terrestre. O isolamento e o rastreio recorrentes das espécies predominantes dos ambientes resultaram na redescoberta de compostos conhecidos, o que constitui um problema importante na descoberta de medicamentos. Foi comprovado que foram descobertos compostos antibacterianos semelhantes, bem conhecidos e estruturalmente relacionados, a partir de Streptomyces isolados de diferentes ambientes terrestres (Rahman et al., 2010).

A fim de apoiar ainda mais a hipótese que sugere que os Streptomyces marinhos são uma melhor fonte de atividade anti-Vibrio, foi comparada a eficácia dos metabolitos produzidos pelos Streptomyces anti-Vibrio isolados dos respectivos ambientes. Para facilitar a comparação entre estudos, a atividade anti-Vibrio dos Streptomyces de cada estudo foi representada pela zona de inibição mais elevada registada no respetivo estudo. A eficácia dos metabolitos anti-Vibrio produzidos por Streptomyces isolados da respectiva fonte foi obtida com base na zona de inibição mediana do respetivo local de isolamento. Estas estirpes de Streptomyces anti-Vibrio foram então categorizadas em quatro grupos diferentes com base na sua fonte de isolamento. De acordo com o Quadro 3, mostra que a força da atividade anti-Vibrio exibida por cada grupo e a classificação é a seguinte: sedimento de mangue (21,0 mm) > organismos marinhos (plantas e animais) (18,0 mm), solo terrestre (18,0 mm) > sedimento marinho (15,01 mm). Os Streptomyces anti-Vibrio isolados da respectiva fonte de isolamento com força diferencial contra Vibrio sp. foram revistos e discutidos como se segue.

5.1. Ambientes terrestres

De acordo com Watve et al. (2001), o número de antimicrobianos não descobertos de Streptomyces e estimou que o número de antibióticos ainda por descobrir de Actinobacteria poderia ser muito superior a 10^5, tal como previsto com a utilização de modelos matemáticos. Além disso, todos os dias são identificadas novas espécies de Streptomyces, o que indica que o nosso conhecimento sobre este género está ainda longe de ser exaustivo. Por conseguinte, é necessário um esforço contínuo na exploração de Streptomyces de regiões terrestres, tirando partido de nichos ecológicos pouco explorados, como demonstrado por vários grupos de investigadores que descobriram Streptomyces com atividade anti-Vibrio. Com base nesta revisão, foi encontrado um total de 11 estirpes de Streptomyces com atividade anti-Vibrio a partir de diferentes tipos de solos terrestres e um Streptomyces endofítico isolado de uma planta terrestre (Castillo et al., 2002). Os Streptomyces com atividade anti-Vibrio foram isolados a partir de uma grande variedade de solos terrestres, desde os solos agrícolas de acesso comum (Charoensopharat et al., 2008), solos florestais (Arasu et al., 2014), solos de prados e pomares (Bonjar, 2004; Uddin et al., 2013) até aos ambientes mais extremos, como o solo do deserto hiperárido (Rateb et al., 2011) e sedimentos árcticos (Augustine et al., 2012). Os locais detalhados para as fontes de isolamento dos Streptomyces com atividade anti-Vibrio foram descritos no Quadro 1. Rateb et al. (2011) relataram uma estirpe C34 de Streptomyces derivada do solo do deserto que produziu policetídeos raros de macrolactona com 22 membros, conhecidos como chaxalactinas A-C (6-8) com atividade anti-Vibrio. Um relatório recente determinou que esta estirpe C34 de Streptomyces representa uma nova espécie e foi designada como Streptomyces leeuwenhoekii sp. nov., uma estirpe com elevado potencial para a descoberta de medicamentos com um tamanho total do genoma de cerca de 7,86 Mb (Busarakam et al., 2014). Este estudo revelou com sucesso o isolamento de uma nova espécie de Streptomyces do deserto hiperárido de alta altitude do Atacama, localizado no Chile (23ol7'S, 68olO'W), e também descobriu seu potencial como produtor de novos antibióticos policetídeos, chaxalactinas. Os três policetídeos de macrolactona, incluindo as chaxalactinas A (6), B (7) e C (8), apresentaram uma concentração inibitória mínima de 12,5, 20 e 12,5p,g/mL contra o agente patogénico *V. parahaemolyticus* NCTC10441 (Rateb et al., 2011), que foi isolado da amostra de fezes de um doente com gastroenterite. As estruturas moleculares das chaxalactinas foram ilustradas na Figura 2. Entretanto, verificou-se que um *Streptomyces* NRRL30562 endofítico isolado da planta snakevine (*Kennedia nigriscans*) produzia quatro antibióticos recentemente descritos, designados como munumbicina B (3), C (4) e D (5) [(4) e (5) estruturas não foram elucidadas]; que apresentavam atividade antibacteriana contra *V. fischeri* PIC345 com zonas de inibição medidas em 16 mm, 9 mm e 12 mm, respetivamente, a uma concentração de 10 pg (Castillo et al, 2002; Castillo et al. 2006).

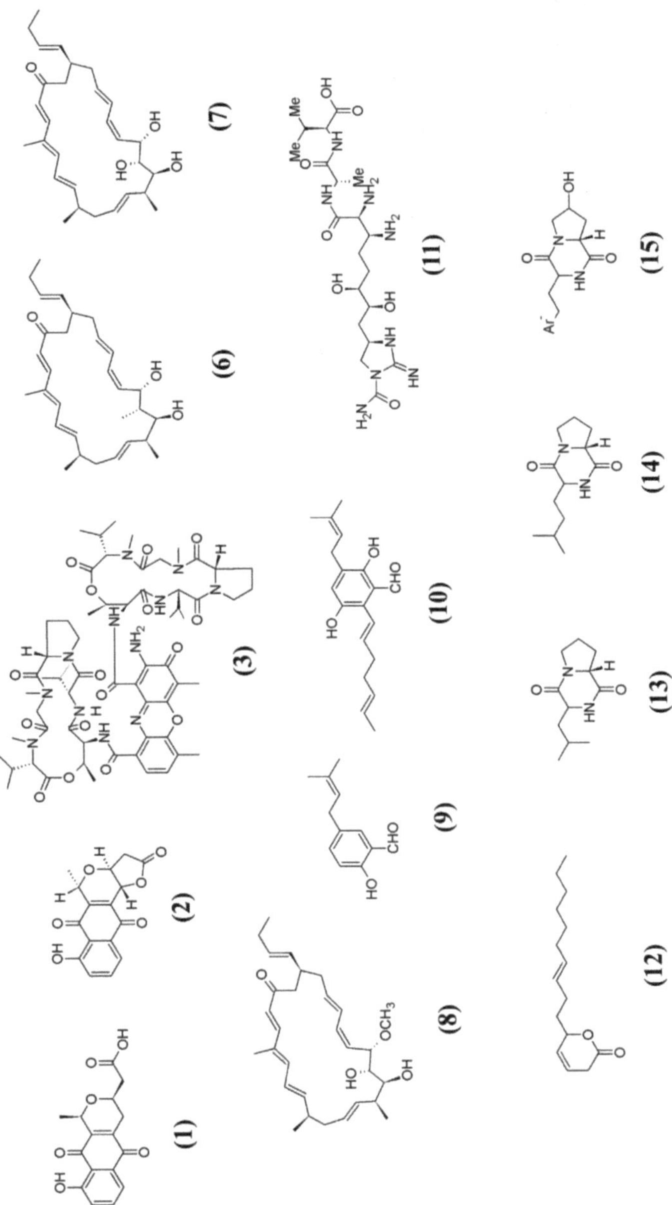

Figura 2: As estruturas moleculares ilustradas são os compostos bioactivos identificados a partir de *Streptomyces* sp. com atividade *anti-Vibrio*.

Além do antagonismo direto de Streptomyces contra Vibrio sp. envolvendo a morte direta do microrganismo ou impedindo o crescimento microbiano, os estudos também indicaram que a produção de produtos bioactivos derivados de Streptomyces sp. exibiu atividade que interfere com a expressão de caraterísticas patogénicas de Vibrio pathogens (Iwatsuki et al., 2008;Zindel et al., 2013). Augustine et al. (2012) referiram que o sobrenadante de cultura a 20% das estirpes Streptomyces A733 e A745 isoladas de sedimentos árcticos (Ny-Alesund, uma ilha no Arquipélago de Svalbard (79°55'N, 11°56'E) reduziu a formação de biofilme de V. cholerae O1 MCV09 em 88% e 80%, respetivamente. Além disso, um composto antivirulência, conhecido como guadinomina B (11), foi produzido por uma estirpe Streptomyces sp. K01-0509 isolada de uma amostra de solo recolhida em Amami Oshima, Kagoshima, Japão (Iwatsuki et al., 2008). Foi relatado que a guadinomina B (11) é potente na inibição do sistema de secreção do tipo III (T3SS) de bactérias gram-negativas, incluindo a maioria dos Vibrio sp. patogénicos que utilizam este aparelho para a secreção e translocação de proteínas como o seu mecanismo de virulência primário com IC50 a 14nM (Holmes et al., 2012). Outro estudo mostrou que o S. mobaraensis DSM40847^T derivado do solo da cidade de Mobara, Japão, produziu inibidores de endoprotease contra a cisteína protease papaína, que é conhecida por ser um fator de virulência envolvido na patogenicidade bacteriana (Zindel et al., 2013). O inibidor da endoprotease era conhecido como inibidor da papaína de Streptomyces (SPI), que demonstrou ter um efeito inibidor no crescimento de uma vasta gama de agentes patogénicos bacterianos Grampositivos e Gram-negativos. A adição de 10LIM de SPI demonstrou ser bactericida contra V. cholerea serotipo O1 (ATCC 14035). Este estudo sugeriu que a SPI poderia ser um potencial novo agente antimicrobiano de largo espetro para doenças infecciosas clinicamente relevantes (Zindel et al., 2013).

5.2. Ambientes aquáticos

Mais de 70% da superfície da Terra é coberta por água. Os ambientes marinhos, como os oceanos, são a maior fonte de micróbios e de novos metabolitos microbianos secundários. As fontes marinhas, que vão desde os sedimentos do solo à beira-mar até às profundidades de 10.000 metros (Pathom-Aree et al., 2006), são fontes ricas de micróbios em comparação com os solos terrestres. Vários estudos mostraram que o ambiente marinho contém uma vasta gama de microrganismos distintos que não estão presentes no ambiente terrestre (Subramani e Aalbersberg, 2012; Manivasagan et al., 2013). Isto pode dever-se às condições físicas e químicas extremamente diferentes das condições terrestres, sugerindo-se que as Actinobactérias marinhas apresentam caraterísticas distintas das suas congéneres terrestres e, por conseguinte, produzem mais compostos bioactivos potencialmente novos (Subramani e Aalbersberg, 2012). Assim, o ambiente marinho é uma fonte potencial para o isolamento de novas

Actinobactérias, o que evidencia a descoberta de novos antibióticos e de enzimas industrialmente importantes a partir de Actinobactérias marinhas (Azman et al., 2015). Do mesmo modo, 80% dos estudos revistos demonstraram o isolamento de Streptomyces com atividade anti-Vibrio de ambientes aquáticos, tais como sedimentos marinhos, invertebrados marinhos e ecossistemas de mangais.

5.2.1. Sedimentos marinhos

Com base na literatura disponível, foi comunicado um total de 38 estirpes de Streptomyces com atividade antiVibrio isoladas de sedimentos marinhos de diversas localizações geográficas. Estas diversas localizações geográficas para os sedimentos marinhos recolhidos incluem sedimentos de lagoas costeiras (Barakat e Beltagy, 2015), sedimentos próximos da costa (Ganesan et al., 2013), tanques de cultura de camarão (Das et al., 2010) e sedimentos submarinos (45 m debaixo de água) (Long et al., 2012). Seria de esperar que as espécies de Streptomyces encontradas em solo virgem produzissem compostos antimicrobianos de largo espetro, de modo a serem bem-sucedidas na superação de outras com produção antimicrobiana de espetro estreito e colonizarem eficazmente o solo recém-formado. Mitra et al. (2011) sugeriram que a área específica propícia à obtenção do número máximo de isolados com atividade de largo espetro num ambiente estuarino se limita à estreita faixa entre as marcas médias de maré alta e baixa. Em suma, sugeriu-se que as amostras recolhidas em locais influenciados pelas marés apresentavam um elevado potencial antagónico (Mitra et al., 2008). Mitra et al. (2008) acreditam que é necessário um composto antibacteriano para ajudar a colonizar um solo superior recém-formado durante os períodos de transição entre marés altas e baixas, em que as oscilações periódicas de condições secas e húmidas desencadeiam uma maior atividade antagonista das Actinobactérias. De acordo com as observações de Mitra et al. (2011), várias estirpes de Streptomyces derivadas de sedimentos marinhos que exibem um amplo espetro antibacteriano e capacidade de produção de surfactantes foram isoladas da área afetada pelas marés na Baía de Minnie, ilhas A & N, Índia (Meena et al., 2013). Além disso, a elevada disponibilidade de nutrientes e o fluxo osmótico no local de amostragem poderiam ser as razões para as actividades de largo espetro exibidas por estas estirpes. Em particular, o extrato de acetato de etilo do Streptomyces sp. NIOT-VKKMA02 apresentou a atividade inibitória máxima contra uma estirpe clássica O1, hipertoxigénica V. cholerae 569B (MTCC3904) com uma zona de inibição de 20 mm medida a uma concentração de 50µg (Meena et al., 2013). Além disso, estudos demonstraram (Sivaperumal et al., 2014;Sivaperumal et al., 2015) a melanina DOPA purificada produzida por Streptomyces sp. MVSC13 e MVCS6 isolados do sedimento marinho da costa de Versova, Mumbai, Índia (Lat. 19°28'26.32 "N, Long. 72°48'07.21 "E) exibindo uma forte atividade antibacteriana contra vários patogéneos de peixes e

Vibrio humanos. Utilizou-se um meio especializado (meio de tirosina asparagina) para cultivar Streptomyces sp. MVSC13 e MVSC6 para a produção de DOPA melanina, que apresentou uma boa atividade contra Vibrio sp. FPO5 (da região infetada de Carassius auratus, 16S rRNA 98% V. parahaemolyticus) (15±0,01mm), V. fluvialis RMMH10 (12±0,02mm), V. splendidus RMMH11 (9±0,02mm), V. parahaemolyticus RMMH12 (15±0,03) (Sivaperumal et al., 2014;Sivaperumal et al., 2015). Além disso, um novo composto piranosesquiterpeno (12) foi descoberto a partir de uma estirpe Streptomyces sp. SCSIO 01689 isolada de sedimentos submarinos, localizada a 45 m de profundidade no norte do Mar do Sul da China (18°H'N, 109°32'E). O isolamento de Streptomyces sp. SCSIO 01689 e o método de preparação para a sua produção de compostos do tipo péptido cíclico foram patenteados (Long et al., 2012). A patente revelou que os compostos do tipo peptídeo cíclico, o composto piranosesquiterpeno (12), Cyclo(D)-Pro-(D)-Ile (13), Cyclo(D)-Pro-(D)-Leu (14) e Cyclo(D)-trans-4-OH-Pro-(D)-Phe (15) exibiram uma potente atividade anti-Vibrio, especificamente contra V. *anguillarum* com CIM medido em >100, 0,05, 0,04 e 0,07p.g/mL. Além disso, You et al. (2007) indicaram que o metabolito de *Streptomyces* sp. A66 isolado de sedimentos marinhos foi considerado eficaz na redução do desenvolvimento de antibiofilme em *Vibrio* sp. A estirpe de *Streptomyces* A66 atenuou a formação de biofilme de *V. harveyi* com 99,3% de taxa de inibição e 74,6% de taxa de degradação a uma concentração de 2,5% (v/v) (You et al., 2005). Outro estudo também indicou que a atividade antibiofilme de *Streptomyces* sp. A66 estava envolvida na inibição do sistema de deteção de quorum de *Vibrio* sp. através da redução da atividade de lactonas homoserinas *N-aciladas*, responsável pela coordenação da expressão de virulência em resposta à densidade da população bacteriana circundante (You et al., 2007).

5.2.2. Ambiente dos mangais

Os mangais são também conhecidos como florestas de zonas húmidas costeiras, localizadas nas zonas intertidais de estuários, remansos, deltas, pântanos e lodaçais ao longo das regiões tropicais e subtropicais. Sahoo e Dhal (2009) salientaram que o ecossistema dos mangais é um nicho ecológico único que contém uma comunidade microbiana altamente produtiva e diversificada. O ambiente dos mangais é conhecido por ser um reservatório potente para o isolamento de *Actinobactérias* produtoras de antibióticos. Eccleston et al. (2008) revelaram que a ecologia tem um grande impacto na diversidade de *Actinobactérias*; foi isolada uma maior população de *Actinobactérias* de sedimentos de lama de mangais do que as comunidades bentónicas associadas a sedimentos de areia litoral, riachos de água doce e habitats lacustres. Sugeriu-se que o baixo número de *Actinobactérias* de habitats de água doce e sedimentos arenosos litorais pode estar relacionado com os baixos níveis de nutrientes orgânicos típicos destes ambientes, em comparação com habitats com elevados níveis de nutrientes como a lama do mangal (Eccleston et al., 2008). Hong et al. (2009) demonstraram que a abundância de estirpes bioactivas está correlacionada com influências ecológicas, tendo sido registado um baixo número de estirpes bioactivas em solos com mais areia e menos matéria orgânica, enquanto o solo da rizosfera era uma fonte rica em estirpes bioactivas.

Com base na comparação efectuada entre diferentes fontes de isolamento, as estirpes de Streptomyces isoladas do solo do mangal apresentaram a atividade antibacteriana mais forte contra Vibrio sp. com a zona de inibição mediana mais elevada (21,0 mm) em comparação com as estirpes de Streptomyces isoladas de sedimentos marinhos (15,0 mm), organismos marinhos (18,0 mm) e solo terrestre (18,0 mm). Esta observação sugere que os ambientes de mangais proporcionam um melhor local para o isolamento de estirpes de Streptomyces com 39,9% mais de atividade anti-Vibrio em comparação com as estirpes de Streptomyces de sedimentos marinhos e água. Mohana e Radhakrishnan (2014) descobriram uma estirpe Streptomyces sp. estirpe MA7 com atividade anti-Vibrio a partir de sedimentos da rizosfera de mangais recolhidos na região do estuário de Vellar em Parangipettai, Tamilnadu, Índia (11.4900°N; 79.7600°E), local rico em matéria orgânica, apresentou atividade antibacteriana contra vários agentes patogénicos Vibrio sp. incluindo V. mimicus, V. cholerae O1, V. cholerae O139 e V. parahaemolyticus. O estudo também demonstrou que o extrato de metanol da estirpe Streptomyces sp. MA7 exibiu uma forte atividade antibacteriana contra V. parahaemolyticus com uma zona de inibição de 21 mm medida a uma concentração de 250\|ig de extrato (Mohana e Radhakrishnan, 2014). Além disso, outro estudo recente relatou o isolamento de um composto alifático denominado N-isopentiltridecanamida, identificado a partir do extrato de acetato de etilo da estirpe Streptomyces ECR77 (16S rRNA 99% S. labedae) isolado do sedimento de mangue da região da costa leste, floresta de mangue Pichavaram (Lat. 11.43°N, Long. 79.77°E). O extrato de acetato de etila de Streptomyces ECR77 mostrou a atividade inibitória máxima contra V. cholerae, V. parahaemolyticus e V. alginolyticus com zonas de inibição de 13,66±0,47 mm, 9,66±0,94 e 16,33±0,47 mm medidas em concentrações de 25pL (Thirumurugan e Vijayakumar, 2015). Da mesma forma, Sengupta et al. (2015) isolaram três Streptomyces anti-Vibrio do solo de mangue, Sundarbans, que apresentaram uma elevada atividade antibacteriana contra V. cholerae (MCTC 3906) com uma zona de inibição superior a 25 mm e uma concentração inibitória mínima de 50p,g/mL.

5.2.3. Animais e plantas marinhos

Há cada vez mais provas de que as espécies de Streptomyces não são apenas bactérias do solo de vida livre, podendo também formar simbioses com outros organismos, nomeadamente plantas e invertebrados. Em muitos casos, as espécies de Streptomyces apresentaram simbioses mutualistas protectoras com o hospedeiro, em que este fornece nutrientes e protecções para as bactérias, enquanto as bactérias produzem antibióticos para proteger o hospedeiro de agentes patogénicos (Han et al., 2009; Kaltenpoth et al., 2012). As investigações indicaram que os invertebrados marinhos que são sésseis, como as esponjas e os corais, são grandes fontes de metabolitos bioactivos marinhos, uma vez que albergam uma elevada população de microrganismos produtores de metabolitos bioactivos marinhos para defender o ataque de agentes patogénicos. As evidências acumuladas também indicam que a origem dos compostos bioactivos nestes invertebrados marinhos pode ter origem em microrganismos simbióticos. Por exemplo, a teopaulauamida, um glicopeptídeo bicíclico antifúngico isolado da esponja de Palau, Theonella swinhoei, foi confirmada como sendo originária de uma nova delta-proteobactéria conhecida como Candidatus Entotheonella palauensis, servindo como uma das primeiras provas experimentais de compostos de origem microbiana da esponja (Schmidt et al., 2000). A deteção de estirpes de Streptomyces com elevado potencial para a produção de metabolitos secundários apoia ainda mais o facto de as esponjas ou os invertebrados marinhos serem importantes fontes de compostos biologicamente activos (Selvin et al., 2004; Pimentel-Elardo et al., 2010).

Recentemente, há cada vez mais indícios de que as esponjas e os corais são fontes potenciais para o isolamento de Streptomyces com atividade anti-Vibrio. A comparação efectuada anteriormente revelou que os Streptomyces isolados de organismos marinhos, como esponjas e corais, poderiam ser outra boa fonte de Streptomyces anti-Vibrio. Estes Streptomyces foram evidenciados em esponjas marinhas como a Callyspongia diffusa, Mycale mytilorum, Tedania anhelans e Dysidea fragilis recolhidas no porto de Vizhinjam (Lat. 8°22'30", Long. 76°59'16 "E) localizado na costa sudoeste da Índia (Dharmaraj e Sumantha, 2009). Os extractos de acetato de etilo destas estirpes exibiram uma força diversa de atividade antibacteriana em relação a agentes patogénicos de Vibrio humanos e de peixes, tais como V. harveyi, V. parahaemolyticus e V. *alginolyticus*, com uma zona de inibição máxima medida até 30 mm a uma concentração de 50pg (Selvakumar et al., 2010). Su et al. (2014) relataram o isolamento de *Streptomyces* sp. HNS054 (16S rRNA 99% de similaridade com *S. labedae*) de esponjas marinhas, *Mycale* sp. coletadas do Porto de Gulei, Fujian, China (Lat. 23.74, Long. 117.59) exibindo atividade antibacteriana contra *V. parahaemolyticus* e *V. diabolicus*, com zona de inibição de 10-15mm observada contra *V. parahaemolyticus*. Além disso, a boa atividade antibacteriana demonstrada pela estirpe HNS054 de *Streptomyces* sp. pode ser explicada pela presença de *Vibrio* sp.

patogénico que está associado à mortalidade de animais marinhos, em que algum tipo de mecanismo químico de defesa pode ter sido desenvolvido para a proteção das esponjas (Su et al., 2014).

Estudos também sugeriram que o coral é uma fonte potencial para isolar *Streptomyces* sp. com capacidade genética para produzir diversas moléculas potencialmente bioactivas que podem contribuir para a defesa química dos holobiontes de coral (Zhang et al., 2013; Li et al., 2014). Houve 4 estudos (6%) que relataram o isolamento de *Streptomyces* com atividade antivibriónica de diferentes espécies de corais, incluindo *Acropora digitifera* (Nithyanand et al., 2011), Melitodes squamata (Zhang et al., 2013), Porites lutea, Galaxea fascicularis (Li et al., 2014), Sarcophyton glaucum (ElAhwany et al., 2015). (Li et al., 2014) relataram um total de quatro espécies diferentes de Streptomyces com atividade antivibriológica nas amostras de coral recolhidas no recife de franja Lu Hui Tou (18°13'N, 109°28'E). Os extractos de acetato de etilo destes *Streptomyces* apresentaram diferentes graus de atividade *anti-Vibrio* contra o *V. coralliilyticus* ATCC BAA-450 patogénico isolado do coral doente *Pocillopora damicornis* e o *V. alginolyticus* serotipo XII ATCC 17749 isolado de carapau estragado que causou intoxicação alimentar. A maior atividade *anti-Vibrio* foi exibida por *Streptomyces* sp. SCSIO11717 (16S rRNA 100% *S. viridodiastatitus* NBRC13106) com zona de inibição de 12,3±2,5mm medida a 20mg/mL em comparação com o medicamento padrão, ciprofloxacina (20mg/mL) com 15±1mm contra o *V. alginolyticus* patogénico (Li et al., 2014). Além disso, *o Streptomyces* sp. SCSIO 11527 (16S rRNA 100% *S. fimicarius*) com atividade *anti-Vibrio* isolado do coral *Galaxea fascicularis* foi positivo para o gene PKS-II com 90% de semelhança com a cetoacil sintase de *S. argillaceus*, sugerindo o seu potencial na produção de compostos relacionados com antraciclinas (Li et al., 2014). Esta descoberta foi apoiada por um dos estudos anteriores que demonstrou a produção de nanaomicinas A (1) e D (2) por *Streptomyces rosa* var. *notoensis* OS-3966 isolado de uma amostra de solo recolhida em Nanao-shi na Península de Noto, Japão (Tanaka et al., 1975). O estudo mostrou que ambas as nanaomicinas A (1) e D (2), antibióticos de antraciclina/antraquinona, exibiram uma forte atividade inibitória contra ambos os agentes patogénicos marinhos, *V. alginolyticus* 138-2 e *V. parahaemolyticus* K-1.

Para além dos relatórios abundantes de estirpes bioactivas de *Streptomyces* sp. de esponjas marinhas e corais, outros 4 estudos relataram a presença de *Streptomyces* com atividade *anti-Vibrio* de algas marinhas recolhidas de superfícies rochosas intertidais na costa de Muttom, costa sudoeste da Índia (8°7'15 "N, 77°1'E) (Sridevi e Dhevendaran, 2014c). De acordo com Hollants et al. (2013), as interações macroalgas-bactérias não são inesperadas, tendo sido evidenciado que a produção de compostos antimicrobianos pelo microrganismo serve para proteger a superfície das algas de agentes patogénicos, herbívoros e organismos incrustantes. Curiosamente, uma estirpe *de Streptomyces* sp. AQB.SKKU20 derivada de algas marinhas expressava uma atividade antagonista em relação a *Vibrio* sp. após a exposição ao brometo de etídio, o que sugere que as mutações induzidas pelo brometo de etídio estimulam a produção de antibióticos (Sridevi e Dhevendaran, 2014b). Além disso, o estudo também indicou que *os Streptomyces* com atividade *anti-Vibrio* isolados de algas marinhas poderiam ser utilizados como probióticos e agentes de biocontrolo contra a vibriose na aquicultura (Sridevi e Dhevendaran, 2014a). Este estudo demonstrou que a incorporação de estirpes *anti-Vibrio* de *Streptomyces* na ração probiótica resultou numa percentagem mais elevada de taxa de sobrevivência de juvenis de camarão *Macrobrachium* rosenbergii sem manifestações externas de doença depois de desafiados com V. vulnificus patogénico a 10^5 CFU/mL, o que causou até 79,2% de mortalidade no grupo de controlo sem Streptomyces como probiótico (Sridevi e Dhevendaran, 2014a).

6. Processo de fermentação para produção de metabolitos de Streptomyces sp. anti-Vibrio

A fermentação é um processo importante para a produção de antibióticos a partir de microrganismos. A descoberta de antibióticos a partir de Actinobactérias depende muito do efeito das condições de crescimento na produção de metabolitos secundários. De facto, a fermentação é um dos processos viáveis para fornecer continuamente a maioria dos antibióticos atualmente no mercado. Isto deve-se ao facto de a síntese química total ser demasiado complicada e dispendiosa do que a fermentação. Por exemplo, os péptidos antimicrobianos, como uma nova classe de antibióticos, que recentemente têm recebido muita atenção, não são economicamente viáveis para serem sintetizados quimicamente se envolverem péptidos maiores ou mais complexos (Hancock e Sahl, 2006).

Os metabolitos secundários são normalmente produzidos por Streptomyces sp. no final do crescimento vegetativo ativo e durante a fase de dormência ou reprodução (Hwang et al., 2014). O metabolismo secundário de Streptomyces baseia-se certamente na sua composição genética única, mas a expressão pode ser influenciada pelas manipulações circundantes. Por conseguinte, a produção de metabolitos secundários está frequentemente associada à limitação de nutrientes, à presença de indutores ou à redução da taxa de crescimento em Streptomyces. É sabido que a produção de metabolitos secundários pode ser reprimida por uma fonte de carbono facilmente disponível, níveis elevados de azoto e fósforo, que mantêm as bactérias numa fase de proliferação ativa. Isto indica que a produção de metabolitos secundários pode ser influenciada significativamente por vários parâmetros de fermentação, incluindo a disponibilidade de nutrientes, o pH, a temperatura, os sais minerais, os indutores e os inibidores. Pequenas modificações na composição dos meios de cultura podem resultar na variação da quantidade de compostos específicos, podendo também estas modificações resultar na produção de um padrão de moléculas completamente distinto (Bode et al., 2002).

Com base nos estudos analisados, um total de 38 estudos efectuou um rastreio secundário dos metabolitos produzidos pelo Streptomyces anti-Vibrio através do processo de fermentação submersa. Isto implica que 59,4% dos estudos mostraram que as estirpes de Streptomyces anti-Vibrio apresentavam actividades antagonistas contra diferentes Vibrio sp. através da produção de metabolitos secundários bioactivos. Por conseguinte, devem ser efectuados mais estudos sobre a fermentação, a fim de desvendar plenamente o potencial das estirpes de Streptomyces anti-Vibrio na produção de compostos bioactivos contra Vibrio sp. A fermentação em estado sólido foi registada como um processo de fermentação alternativo para facilitar a produção de metabolitos secundários a partir de Streptomyces anti-Vibrio (Mohana e Radhakrishnan, 2014). O método de fermentação em estado sólido envolve a utilização de partículas sólidas isentas de água ou com pouca humidade para o crescimento microbiano e a produção de metabolitos secundários (Pandey, 2003). Mohana e Radhakrishnan (2014) indicaram que o processo de fermentação em estado sólido era mais adequado para Streptomyces MA7, uma estirpe derivada de sedimentos da rizosfera de mangais na produção de metabolitos bioactivos anti-Vibrio contra V. cholerae O1, V. cholerae O139, V. parahaemolyticus e V. mimicus. Devido à informação limitada sobre a comparação de ambas as técnicas de fermentação na produção de metabolitos secundários com actividades anti-Vibrio, um estudo mais aprofundado poderia comparar ambas as técnicas de fermentação a fim de decidir o método de fermentação adequado na produção de uma maior quantidade de compostos anti-Vibrio a partir de Streptomyces. Com base noutras literaturas, sugeriu-se que a fermentação em estado sólido é melhor para a produção de antibióticos por *Streptomyces* nos aspectos da sua estabilidade e quantidade (Holker et al., 2004). Por exemplo, vários estudos que demonstraram que a fermentação em estado sólido de espécies de *Streptomyces* resultou num maior rendimento e estabilidade de antibióticos bem conhecidos, incluindo a tetraciclina (Yang e Ling, 1989), a neomicina (Machado et al., 2013), a cefamicina C (Kota e Sridhar, 1999) e a oxitetraciclina (Yang e Wang, 1996).

6.1. Composição dos meios de comunicação

A composição do meio desempenha um papel importante na determinação dos metabolitos secundários microbianos, uma vez que inclui componentes que podem atuar como activadores de determinadas vias de sinalização na produção de metabolitos secundários (Sanchez e Demain, 2002). Assim, uma mesma estirpe, cultivada em condições diferentes, pode resultar na produção de compostos substancialmente diferentes. Foi relatado que o uso de um meio definido resultou na produção de novos metabólitos que não foram encontrados em outros meios usados para cultivar *Streptomyces* sp. C34, e exibiu atividade antibacteriana contra *V. parahaemolyticus* (Rateb et al., 2011). O meio definido (Tabela 2) contendo 2 mM de flúor utilizado no estudo foi desenvolvido anteriormente para a produção de metabólitos secundários fluorados por *Streptomyces* (Reid et al., 1995). O mecanismo para a produção dos novos metabolitos por *Streptomyces* C34 não foi elucidado, podendo dever-se à adição de sais de flúor que resultaram na ativação dos genes biossintéticos únicos responsáveis pela produção desses novos compostos. Por conseguinte, para além de depender do potencial biossintético dos micróbios, que determina os tipos de compostos bioactivos, a composição dos meios também tem uma influência substancial no êxito dos programas de rastreio baseados na estratégia de bioprospecção dependente da cultura. De acordo com os 38 estudos que efectuaram fermentação submersa, observa-se que foram utilizados diferentes caldos de fermentação, incluindo caldo de caseína de amido, caldo de farinha de soja, caldo de dextrose de batata, caldo de arginina glicerol, caldo de isolamento de actinomicetos e asparagina glicerol. Para além disso, existem também outros exemplos de

caldo de fermentação com composições definidas utilizado para a produção de metabolitos secundários a partir do Streptomyces anti-Vibrio (Quadro 2).

6.1.1. A influência de fontes de carbono complexas e simples na atividade anti-Vibrio

É bem conhecido que a disponibilidade de fonte de carbono tem um efeito significativo na produção de antibiótico e no desenvolvimento morfológico de Streptomyces sp. Muitos mecanismos foram descritos no género Streptomyces para interpretar os efeitos de repressão do catabolito de carbono na produção de metabolitos secundários (Sanchez et al., 2010; Liu et al., 2013). Entretanto, o foco principal desta revisão é consolidar e interpretar as informações disponíveis sobre o efeito de diferentes composições de meios em Streptomyces para a produção de metabólitos contra Vibrio sp. Além disso, será dada maior ênfase à eficácia dos metabolitos anti-Vibrio produzidos por Streptomyces em resposta à fonte de carbono específica disponível nos meios de fermentação. Com base nos dados sobre a composição dos meios, tal como demonstrado nos estudos revistos, as fontes de carbono como o amido, o glicerol e a glucose são normalmente utilizadas como substrato de crescimento nos meios de fermentação utilizados para produzir metabolitos secundários. A maioria dos estudos incorporou amido (45,2%), um hidrato de carbono complexo no meio de fermentação para a produção de metabolitos secundários com atividade anti-Vibrio (Quadro 7). A literatura demonstrou que a produção óptima de metabolitos secundários é geralmente conseguida através da cultura dos microrganismos em meios que contêm fontes de nutrientes de assimilação lenta, uma vez que se sabe que a fonte de carbono rapidamente utilizada reprime frequentemente a produção de antibióticos. Por exemplo, a utilização de glucose como fonte de carbono teve uma influência negativa na produção de nistatina, bem como na sua morfologia, o que resultou no fim do crescimento celular e da produção de nistatina (Jonsbu et al., 2002). Este fenómeno também é comummente observado noutros Streptomyces sp., na produção de estreptomicina, cloranfenicol e cefamicina por S. griseus (Demain e Inamine, 1970), S. venezuelae (Bhatnagar et al., 1988) e S. clavuligerus (Bhatnagar et al., 1988), respetivamente. No entanto, um estudo anterior indicou que a produção de novobiocina por S. niveus está sujeita à repressão de catabolitos pela assimilação de citrato e não é causada pela assimilação de glucose (Kominek, 1972). Foi demonstrado que Streptomyces avermitilis assimila lentamente a glucose e se torna a melhor fonte de carbono para determinar a taxa de produção de avermectina (Ikeda et al., 1988). Ikeda et al. (1988) sugeriram que a atividade da 6-fosfogluconato desidrogenase da via das pentoses fosfato está associada à produção de avermectina, na qual o NADPH gerado pela enzima poderia ser utilizado como intermediário para a biossíntese da avermectina. Um estudo anterior também indicou que a glucose é importante para a biossíntese de 8-rhodomycinone, uma importante aglicona precursora do antibiótico antraciclina em Streptomyces (Dekleva e Strohl, 1988).

A fim de determinar a melhor fonte de carbono para a produção de metabolitos anti-Vibrio por Streptomyces, as actividades anti-Vibrio das estirpes de Streptomyces com ou sem a fonte de carbono específica foram comparadas com base nas zonas de inibição e resumidas (Quadro 4). No Quadro 4, a atividade anti-Vibrio dos metabolitos produzidos pelas estirpes de Streptomyces aumentou 33,1% na presença de amido como fonte de carbono. Além disso, os metabolitos de Streptomyces produzidos na presença de amido demonstram um aumento de dez vezes na atividade anti-Vibrio, quando comparados com a utilização de glicerol como fonte de carbono. Em contraste, a utilização de glucose como fonte de carbono mostra reprimir a atividade anti-Vibrio dos metabolitos de Streptomyces em 8,1% com base nas zonas de inibição medianas. Esta informação está de acordo com outros estudos, indicando que o amido é uma boa fonte de carbono para a produção de metabolitos anti-Vibrio. O meio A1BFe à base de amido (Tabela 2) resultou na produção do dobro da quantidade de compostos anti-Vibrio por Streptomyces atrovirens PK288-21 em comparação com a cultura em meio TCG à base de glucose (Cho e Kim, 2012). Este estudo sugeriu que o Streptomyces atrovirens PK288-21 utilizou o amido como principal fonte de carbono, o que poderia aumentar a produção de compostos antibacterianos (Cho e Kim, 2012). A hidrólise contínua e gradual do amido poderia evitar os mecanismos de repressão do catabolito de carbono que normalmente são acionados por fontes de carbono que são mais facilmente metabolizadas pelo microrganismo, como a glucose (Bruckner e Titgemeyer, 2002). Além disso, os compostos antibacterianos presentes consistiam em dois compostos de benzaldeídos identificados a partir do caldo fermentado de S. atrovirens PK288-21. Ambos os derivados de benzaldeído demonstraram atividade antibacteriana contra V. anguillarum e V. harveyi, particularmente contra V. harveyi com valores de CIM mais baixos em comparação com a ciprofloxacina (58^g/mL) (Tabela 6). O trabalho mostrou que o composto, 2-hidroxi-5-(3-metilbut-2-enil)benzaldeído (9), era um novo derivado, enquanto o 2-hepta-1,5-dienil-3,6-di-hidroxi-5-(3-metilbut-2-enil)benzaldeído (10) foi previamente registado a partir do fungo Eurothium rubrum. Do mesmo modo, outros 4 estudos (Quadro 7) demonstraram a utilização de amido com concentrações que variam de 0,1 a 1% (p/v), como única fonte de carbono no meio de fermentação para a produção de metabolitos secundários por estirpes de Streptomyces, e exibiram uma força diversa de atividade antibacteriana contra Vibrio sp. (Meena et al., 2013; Mohanraj e Sekar, 2013; Dharumadurai et al., 2014; Mohanta e Behera, 2014). Em geral, recomenda-se que o amido seja uma boa fonte de carbono para a produção de metabolitos anti-Vibrio a partir de Streptomyces com base nos dados disponíveis obtidos a partir de evidências anteriores.

6.1.2. Influência da fonte de azoto orgânico e inorgânico na atividade anti-Vibrio

Foi demonstrado que as fontes de azoto, como os sais de nitrato e de amónio, que são favoráveis ao crescimento, afectam negativamente a produção de metabolitos secundários em Streptomyces. Foi demonstrado que as fontes de azoto prontamente utilizadas causam repressão das enzimas responsáveis pela tilosina em Streptomyces fradiae (Choi et al., 2007). As fontes de proteínas complexas, como a farinha de soja, e os aminoácidos de assimilação lenta, como a prolina, são boas fontes de azoto para promover uma elevada produção de metabolitos secundários. Por conseguinte, as fontes de azoto de metabolização lenta são preferíveis para fornecer os nutrientes essenciais às estirpes produtoras de antibióticos. O extrato de levedura, o licor de milho e a farinha de soja são fontes de azoto orgânico complexo normalmente utilizadas (Sanchez e Demain, 2002). Com base nos estudos revistos, a farinha de soja (0,2 e 0,5% p/v) foi evidenciada (Vasanthabharathi et al., 2011; Mohanraj e Sekar, 2013) como única fonte de azoto para a produção de metabolitos anti-Vibrio pelas estirpes de Streptomyces (Quadro 7). Além disso, a atividade anti-Vibrio destas estirpes de Streptomyces, cultivadas em diferentes fontes de azoto, foi comparada com base na zona de inibição mediana (Quadro 4). Verificou-se que a utilização de extrato de levedura como fonte de azoto orgânico complexo aumenta a atividade anti-Vibrio dos metabolitos de Streptomyces em 18,75%, quando comparada com o aumento de apenas 8,75% na presença de caseína como fonte de azoto orgânico. Além disso, o nitrato é uma fonte de azoto inorgânico mais preferível quando comparado com a utilização de NH_4^+ nos meios de fermentação do Streptomyces anti-Vibrio. Nenhum dos estudos utilizou sais de amónio ou nitrato como única fonte de azoto para o processo de fermentação. Um total de 19 estudos demonstrou a utilização de uma mistura de fontes de azoto facilmente e lentamente utilizáveis na otimização da composição do meio para melhorar o rendimento dos metabolitos secundários (Quadro 2). As fontes facilmente utilizáveis, como os sais de amónio e os sais de nitrato, servem para suportar o crescimento exponencial das bactérias, enquanto as fontes utilizadas lentamente, como o extrato de levedura e a caseína, servem para sustentar a produção de metabolitos durante a fase estacionária, à medida que as fontes rapidamente assimiladas se esgotam (Sanchez e Demain, 2002). Assim, a combinação de extrato de levedura e sais de nitrato pode ser utilizada para servir como boas fontes de azoto na produção de metabolitos anti-Vibrio no género Streptomyces.

6.1.3. Fosfato inorgânico

O fósforo inorgânico é o principal nutriente comum que limita o crescimento em ambientes naturais (Sanchez e Demain, 2002). A literatura mostrou que uma concentração elevada de fosfato inorgânico em meios de cultura causa uma regulação negativa na síntese de metabolitos secundários em diferentes Streptomyces sp. (Chouayekh e Virolle, 2002; Mendes et al., 2007). Um total de 12 estudos (38,7%) indicou a suplementação de fosfato dipotássico como fonte de fosfato inorgânico, com uma ampla gama de concentrações de 0,001 a 0,2% (p/v) (~ 0,5 - 115mM) no meio de fermentação para a produção de metabolitos secundários anti-Vibrio por Streptomyces (Tabela 7). Nenhum dos estudos indicou o potencial do fosfato inorgânico que poderia resultar numa menor produção de atividade anti-Vibrio. Embora algumas literaturas tenham demonstrado que o fornecimento de fosfato inorgânico superior a 3-5 mM é frequentemente inibidor da biossíntese de antibióticos (Liras et al., 1990; Mendes et al., 2007). Liras et al. (1990) indicaram que o fosfato estimula a expressão de genes envolvidos na biossíntese de macromoléculas e de genes de manutenção essenciais para o crescimento, ao passo que inibe frequentemente a expressão de genes que codificam para a biossíntese de metabolitos secundários. Verificou-se que a sintase do ácido p-aminobenzóico (sintase PABA), que catalisa a conversão do ácido corísmico em ácido p-aminobenzóico, que é um precursor da candicidina (antibiótico macrólido), é inibida pelo fosfato de potássio a 5 a 10 mM, resultando na repressão da biossíntese da candicidina em Streptomyces griseus (Gil et al., 1985). Estudos demonstraram que a biossíntese de vários grupos de antibióticos é particularmente sensível à repressão por fosfato, como os aminoglicosídeos (Muller et al., 1983), as tetraciclinas (McDowall et al., 1999), os macrólidos (Cheng et al., 1995) e os polienos (Chouayekh e Virolle, 2002). Entretanto, a biossíntese de antibióticos beta-lactâmicos e de metabolitos secundários peptídicos foi pouco sensível a concentrações elevadas de fosfato inorgânico. Por exemplo, a produção de cefalosporina é óptima a 25 mM de fosfato, mas concentrações mais elevadas de fosfato resultaram numa redução de 85% da produção de cefalosporina em S. clavuligerus (Aharonowitz e Demain, 1977). Estas evidências sugerem que os genes que codificam a enzima para os metabolitos secundários produzidos pelo Streptomyces anti-vibrião podem ter uma menor sensibilidade à repressão por fosfato. Contudo, a concentração de fosfato inorgânico a utilizar nos meios de fermentação deve ser optimizada para garantir a produção máxima de metabolitos anti-Vibrio pelos Streptomyces. Comparando a atividade anti-Vibrio dos metabolitos de Streptomyces sob diferentes concentrações de K2HPO4 (Quadro 5), com base na mediana da zona de inibição, observa-se que a atividade anti-Vibrio reduziu-se em 33,3% quando a concentração de K2HPO4 utilizada aumentou de 0,001% para 0,2% (p/v). Isto sugere que se recomenda que o fosfato inorgânico seja mantido a uma concentração mais baixa, tal como a 0,001% (p/v), como fonte de fósforo nos meios de fermentação para uma produção óptima de metabolitos anti-Vibrio de Streptomyces.

6.1.4. Cloreto de sódio

A suplementação de cloreto de sódio no meio de fermentação é um dos factores de stress não nutricional que influenciam a produção de metabolitos secundários (Sevcikova e Kormanec, 2004; Himabindu et al., 2007). Com base nos estudos revistos, um total de 13 estudos indicou a suplementação de cloreto de sódio no meio de fermentação para a produção de metabolitos secundários anti-Vibrio a partir de Streptomyces (Tabela 7). A concentração de cloreto de sódio utilizada variou de 0,05 a 1% (p/v), mostrando a produção de metabolitos anti-Vibrio a partir de Streptomyces. Em consonância com a literatura, a atividade anti-Vibrio dos metabolitos de Streptomyces aumentou 5,88% quando cultivados na presença de cloreto de sódio como em comparação com os metabolitos produzidos na ausência de cloreto de sódio (Quadro 4). Barakat e Beltagy (2015) indicaram que Streptomyces ruber ERH2, suplementado com 1% de cloreto de sódio (p/v), produziu metabolitos contra o patógeno de peixe V. ordalii, com uma zona de inibição elevada medida em 15 mm. Como indicado na Tabela 5, um pequeno aumento da concentração de cloreto de sódio, tal como de 0,05 para 0,08% (p/v) resultou num aumento de 99,7% na atividade anti-Vibrio, indicando assim que a concentração óptima de cloreto de sódio para a produção de metabolitos anti-Vibrio é de 0,08% (p/v) para Streptomyces. Entretanto, o aumento adicional de cloreto de sódio no meio de fermentação de 0,08% (p/v) para mais de 0,2% (p/v) pode reduzir a atividade anti-Vibrio dos metabolitos de Streptomyces em 50%. Do mesmo modo, Syvitski et al. (2006) demonstraram que a presença de sal no meio de crescimento pode resultar numa produção diferencial de antibióticos por Streptomyces. Além disso, este estudo indicou que a adição de 2,5% de cloreto de sódio inibiu a produção de actinorhodina, mas activou a produção de undecilprodigiosina (Syvitski et al., 2006). O estudo também relatou condições de elevado teor de sal que resultaram na expressão diferencial destes genes, actII-ORF4 e redD, que codificam os reguladores transcricionais específicos da via correspondente para a biossíntese de actinorhodina e undecilprodigiosina em Streptomyces coelicolor A3(2) (Syvitski et al., 2006).

6.2. Temperatura

É frequentemente necessária uma temperatura óptima para a produção de metabolitos secundários. Com base nos estudos revistos, 28°C (41,9%) é a temperatura de incubação mais comum utilizada para a produção de metabolitos secundários. Uma temperatura de incubação ligeiramente mais elevada, a 30°C, também é registada em alguns outros estudos (16,1%) (Quadro 7). Alguns estudos empregaram uma temperatura de incubação mais baixa, variando de 23-25°C (Castillo et al., 2002;Jayasudha et al., 2011). Estes estudos indicaram que a temperatura óptima para a produção de metabolitos secundários pode variar consideravelmente entre os géneros semelhantes de Actinobacteria. Além disso, alguns estudos indicaram que a temperatura óptima para a produção de metabolitos secundários é geralmente mais baixa, quando comparada com o crescimento de Streptomyces sp. Thakur et al. (2009) referiram que Streptomyces sp. 201 apresentou uma gama estreita de temperaturas de incubação para o crescimento e a produção de antibióticos, tendo o crescimento micelial máximo sido medido a 35°C, enquanto a atividade antibacteriana mais elevada foi observada a 30°C. Thirumurugan e Vijayakumar (2015) também relataram uma cepa, Streptomyces ECR77, que produziu metabólitos secundários anti-Vibrio depois de cultivada a 28-30°C, embora essa cepa tenha mostrado crescimento ideal a 35°C. Recentemente, Costa e Badino (2012) também recomendaram que a redução da temperatura poderia ser útil para aumentar a produção de ácido clavulânico por Streptomyces clavuligerus. De acordo com o estudo (Tabela 5), o efeito de repressão poderia ocorrer através do aumento da temperatura de fermentação, do ótimo 28°C para 30°C, o que resultaria numa redução de 25% da atividade anti-Vibrio (com base na mediana da zona de inibição) dos metabolitos de Streptomyces. Assim, sugere-se que uma temperatura de incubação mais baixa resulta num menor crescimento celular e consumo de substrato, o que poderia minimizar os efeitos de repressão dos metabolitos e também reduzir a degradação do produto final, aumentando eventualmente o rendimento da produção de metabolitos secundários (Costa e Badino, 2012).

6.3. pH dos meios de fermentação

O pH do meio de cultura tem um efeito substancial no crescimento de Streptomyces sp. e na sua capacidade de produção de antibióticos (Guimarães et al., 2004; Kontro et al., 2005). Com base nos estudos revistos, foi utilizada uma gama estreita de pH inicial (7 - 8) dos meios de fermentação no cultivo de Streptomyces sp. para a produção de metabolitos secundários (Quadro 7). Kontro et al. (2005) referiram que as gamas de pH para o crescimento ótimo de Streptomyces sp. eram específicas da espécie e fortemente influenciadas pelas composições de nutrientes dos meios. A utilização de pH neutro a ligeiramente alcalino, tal como descrito pela maioria dos estudos, sugere que estas gamas de pH são mais preferíveis para desenvolver um meio de fermentação para Streptomyces produtoras de antibióticos. De acordo com outros estudos, a atividade anti-Vibrio dos metabolitos de Streptomyces poderia ser melhorada realizando a fermentação a um pH ligeiramente alcalino. Como se mostra no Quadro 5, a atividade anti-Vibrio pode ser aumentada em 49,7% com um pequeno aumento do meio de fermentação de pH 7 para 7,3. De acordo com Guimarães et al.

(2004), o baixo nível de pH do meio de cultura (no final da fermentação em frasco agitado) não resultou na deteção de retamicina, embora as concentrações celulares finais de S. olindensis ICB20 tenham atingido 4 g/litro, indicando que o pH afectou negativamente a atividade das enzimas biossintéticas envolvidas no metabolismo secundário. Entretanto, um pH mais elevado, de 8,0, teve um efeito negativo na excreção do antibiótico, demonstrado pelo maior teor intracelular de retamicina produzido, em vez do rendimento de retamicina extracelular (Guimarães et al., 2004).

7.   Extração de metabolitos secundários

A extração de metabolitos secundários é uma etapa crítica. A extração por solventes é um dos métodos de extração mais comuns devido à elevada seletividade e solubilidade das composições-alvo. Tem sido amplamente utilizado para extrair produtos microbianos derivados da fermentação antes da purificação final de compostos bioactivos por cromatografia (Schugerl, 2005; Rateb et al., 2011; Ser et al., 2015a). Existe uma grande variedade de abordagens disponíveis para a recuperação de metabolitos microbianos, e os tipos de métodos de extração utilizados dependem do facto de os compostos de interesse serem extracelulares, sendo excretados para o meio ou produzidos intracelularmente. A extração direta com solvente é normalmente realizada se o produto desejado estiver presente na célula e no meio. No entanto, a prática comum na extração de produtos microbianos dos meios de cultura envolve a separação da biomassa de microrganismos por centrifugação ou filtração antes da extração por solvente do meio sem células. Entre os 31 estudos que realizaram fermentação, 18 estudos (58,1%) realizaram o método de extração por solventes para extrair e determinar a atividade antibacteriana dos compostos bioactivos presentes no produto fermentado.

O êxito da extração do produto desejado depende em grande medida da seleção do solvente mais adequado. Os solventes não polares (éter de petróleo, clorofórmio e hexano) são úteis na extração de compostos lipofílicos, como alcanos, esteróis, alcalóides, ácidos gordos, cumarinas e alguns terpenóides. Alguns alcalóides e flavonóides são compostos de polaridade média que podem ser extraídos com solventes de polaridade média, como o acetato de etilo. Entretanto, os compostos mais polares, como os glicosídeos flavonóides, os taninos e alguns alcalóides, são extraídos com os extractantes que contêm oxigénio ligado ao carbono, incluindo álcoois, ésteres e cetonas (Schugerl, 2005). O quadro 6 mostra os exemplos de compostos bioactivos isolados de Streptomyces anti-Vibrio utilizando diferentes solventes orgânicos.

Com base nos 18 estudos que realizaram a extração do produto fermentado, os solventes habitualmente utilizados para a extração de compostos bioactivos incluem metanol, acetona, clorofórmio, acetato de etilo, n-butanol, n-hexano e éter de petróleo. Destes estudos, o acetato de etilo (83,3%) foi o solvente mais utilizado. Tal pode dever-se à propriedade do solvente acetato de etilo, que é apenas parcialmente miscível com a água, permitindo assim uma recuperação mais fácil dos metabolitos do caldo de fermentação através de métodos de extração líquido-líquido. Para além disso, o metanol foi o segundo (27,8%) solvente mais utilizado entre os estudos revistos. Normalmente, o metanol é preferível para a extração de metabolitos desconhecidos de novas estirpes de bactérias. Isto deve-se ao facto de o metanol ser conhecido por ser eficiente na extração de uma vasta gama de metabolitos de bactérias (Maharjan e Ferenci, 2003). Por fim, o extrato resultante é filtrado e concentrado por evaporação em vácuo antes de ser utilizado para a análise da bioatividade. É imperativo remover completamente o solvente ou o extrator dos extractos resultantes, uma vez que a sua presença no produto final é indesejável e pode afetar os resultados do rastreio da bioatividade. A cromatografia gasosa é um instrumento útil para a deteção de solventes residuais. Isto deve-se aos baixos limites de deteção que permitem a deteção de compostos orgânicos vestigiais (B'Hymer, 2003). Além disso, o dióxido de carbono supercrítico a 200 atm e 35°C demonstrou ser eficaz na remoção de solventes orgânicos de antibióticos sem afetar as actividades antibióticas (Kamihira et al., 1987).

Além disso, é comum verificar que compostos interessantes podem ser ignorados devido à presença de outras moléculas num extrato bruto, ou simplesmente devido aos seus baixos títulos num extrato que resultaram numa baixa atividade global observada. A etapa de fracionamento após a extração pode ser uma forma de ultrapassar estes problemas. Por exemplo, o fracionamento de extractos metanólicos de Streptomyces sp. C34 com três outros solventes diferentes, n-hexano, diclorometano e acetato de etilo, acabou por identificar as três novas macrolactonas da fração de diclorometano com o perfil metabólico mais diversificado (Rateb et al., 2011).

Uma vez identificado um extrato bioativo, procede-se a uma análise mais pormenorizada, normalmente envolvendo a separação dos constituintes individuais por cromatografia, para identificar as moléculas bioactivas específicas e também a elucidação da estrutura com análise por RMN. Os compostos bioactivos resultantes destas actividades de rastreio são então testados num modelo in vivo para examinar a sua eficácia e segurança. A maioria dos antibióticos atualmente utilizados clinicamente foi descoberta através desta abordagem. Por exemplo, Barakat e Beltagy (2015) demonstraram que o ácido ftálico isolado de S. ruber EKH2 com atividade antagonista contra V. ordalii não é tóxico para Artemia salina (artémia) até 28(.)(.)iig/mL, o que sugere que o composto é natural e tem efeitos secundários mínimos. Além disso, o processo de rastreio convencional também fornece informações valiosas, como a potência do antibiótico através da determinação da concentração inibitória mínima (CIM) do antibiótico em relação a agentes patogénicos específicos, o espetro de atividade. Cho e Kim (2(12) determinaram a potência de compostos de benzaldeído isolados de S. atrovirens PK288-12, revelando uma CIM mais baixa exibida por ambos os compostos em comparação com a ciprofloxacina contra V. harveyi.

Pode observar-se que a maioria dos estudos que indicam o isolamento de Streptomyces com atividade anti-Vibrio se centraram sobretudo no rastreio preliminar e na otimização das várias condições de cultura. No entanto, o número de estudos que analisaram e revelaram a identidade dos compostos bioactivos que apresentaram uma atividade antibacteriana potente contra Vibrio sp. é ainda limitado. Por conseguinte, é necessário melhorar as estratégias de isolamento e de rastreio, uma vez que os métodos convencionais de cultura, extração e ensaio da bioatividade de Streptomyces anti-Vibrio utilizados pela maior parte dos investigadores são morosos e propensos à redescoberta de compostos conhecidos. Foram desenvolvidas novas estratégias de investigação, como a prospeção do genoma para revelar o conjunto de genes biossintéticos silenciosos, juntamente com técnicas avançadas de separação e caraterização química (Davies, 2011), a fim de melhorar a produção de antibióticos e a descoberta de novos compostos em Streptomyces. Além disso, poderia ser utilizado um método de extração mais avançado para substituir o método convencional de extração com solventes orgânicos. Por exemplo, a extração com fluido supercrítico, a extração com solvente pressurizado e a extração assistida por ultra-sons têm sido discutidas como algumas das melhores técnicas de extração de produtos naturais bioactivos (Joana Gil-Chavez et al., 2013). Estes métodos de extração alternativos têm sido conhecidos pela sua maior seletividade, menor tempo de extração, solventes orgânicos não tóxicos e mais amigos do ambiente em comparação com o método convencional de extração por solventes (Joana Gil-Chavez et al., 2013). A maioria desses métodos avançados de extração tem sido amplamente utilizada para extrair compostos biologicamente ativos com atividade antioxidante e antimicrobiana de plantas (Santoyo et al., 2005; Tan et al., 2015b; Tan et al., 2016a). Apesar disso, o número de estudos que utilizaram estes métodos avançados de extração na extração de compostos bioactivos do caldo de fermentação de microrganismos é ainda muito limitado. Por exemplo, a griseofulvina é um dos poucos exemplos de antibiótico antifúngico microbiano que é extraído com o método de extração de dióxido de carbono supercrítico (Saykhedkar e Singhal, 2004). Embora o dióxido de carbono supercrítico seja menos eficaz na extração de compostos altamente polares, este método de extração oferece uma melhor alternativa aos solventes orgânicos devido à sua propriedade não tóxica, ao seu baixo custo e, mais importante, ao facto de poder ser facilmente removido dos produtos finais (Joana Gil-Chavez et al., 2013). Isto deve-se ao facto de o solvente orgânico residual representar uma grande preocupação relativamente à segurança dos produtos alimentares e farmacêuticos ao longo dos anos (Deconinck et al., 2012). Por conseguinte, estudos futuros podem analisar um destes métodos avançados de extração para melhorar o rendimento e a purificação dos compostos biologicamente activos de Streptomyces.

CAPÍTULO 8

8.   Potencial aplicação de probióticos de Streptomyces na aquacultura

Os Vibrio sp. são reconhecidos como a principal ameaça à indústria da aquicultura, causando vibriose nos animais marinhos. O aparecimento contínuo de agentes patogénicos resistentes aos antibióticos devido ao abuso de antibióticos na aquacultura agrava ainda mais os problemas. Assim, a aplicação de probióticos é outra alternativa aos antibióticos necessária para a prevenção de doenças, o tratamento e a melhoria da qualidade e da sustentabilidade da produção aquícola. Com base nas revisões da literatura, o probiótico é uma alternativa promissora aos antibióticos na aquicultura, demonstrando efeitos benéficos para o hospedeiro através do combate a doenças, melhorando o crescimento e também estimulando as respostas imunitárias do hospedeiro contra infecções (Newaj-Fyzul et al., 2014;Hai, 2015). As secções seguintes visam fornecer uma visão sobre a utilização de bactérias Streptomyces como probiótico no controlo da vibriose e na melhoria da saúde e da qualidade da produção aquícola. Além disso, são também discutidas as perspectivas e limitações das espécies de Streptomyces como probiótico na aquicultura.

8.1. Probióticos

Inicialmente, o termo "probiótico" foi definido como "organismos e substâncias que contribuem para o equilíbrio microbiano intestinal" (Parker, 1974). Seguiu-se uma revisão feita por (Fuller, 1989) e o probiótico passou a ser conhecido como "suplemento alimentar microbiano vivo que afecta beneficamente o animal hospedeiro, melhorando o seu equilíbrio microbiano intestinal". Devido ao facto de os animais aquáticos terem interações muito mais estreitas com o ambiente externo do que os organismos terrestres, o ambiente externo e a alimentação têm um impacto substancial no estado microbiano dos animais aquáticos. Verschuere et al. (2000) sugeriram que um probiótico para ambientes aquáticos deve ser conhecido como um adjunto microbiano vivo que exibe um efeito benéfico no hospedeiro através da modulação da comunidade microbiana associada ao hospedeiro ou à comunidade microbiana ambiente. Recentemente, o probiótico foi descrito como uma célula microbiana viva, morta ou componente de uma célula microbiana que exerce um efeito benéfico no hospedeiro, melhorando a resistência a doenças, o desempenho do crescimento, a utilização de alimentos e o estado de saúde, através da obtenção de um equilíbrio microbiano nos ambientes do hospedeiro e do ambiente (Hai, 2015). Com base na literatura, o possível modo de ação dos probióticos na aquicultura inclui (i) promotor de crescimento, (ii) produção de compostos inibitórios, (iii) melhoria na digestão de nutrientes, (iv) melhoria da qualidade da água, (v) melhoria da resposta imunitária e (vi) competição por nutrientes (Defoirdt et al., 2007; Martmez Cruz et al., 2012).

Vários critérios em termos de biossegurança e funcionalidade têm de ser cumpridos para que os micróbios atinjam o estatuto de probióticos. Geralmente, as caraterísticas desejáveis de um potencial probiótico são (i) não ser prejudicial para o hospedeiro;

(11) capacidade de sobreviver durante o transporte para o local ativo; (iii) capacidade de colonização e proliferação no hospedeiro; (iv) ausência de genes de virulência ou de resistência a antibióticos (Hai, 2015). Lactobacillus acidophilus, L. casei, Bacillus sp., Bifidobacterium bifidium, Lactococcus lactis e também a levedura Saccharomyces cerevisiae são os poucos microrganismos comuns usados como probióticos (Ouwehand et al., 2002; Salamoura et al., 2014). Embora as Actinobactérias sejam amplamente conhecidas como produtoras prolíficas de metabolitos secundários, particularmente o género Streptomyces (Butler, 2008), a aplicação de Streptomyces como probióticos em aquacultura é ainda limitada. Apesar disso, vários estudos indicam que o género Streptomyces apresenta resultados promissores como probiótico (Das et al., 2010; Augustine et al., 2015).

8.2. Streptomyces sp. como probiótico em aquacultura e seu modo de ação

Sendo o facto de ter potencial para produzir uma gama diversificada de metabolitos secundários, Streptomyces sp. tem sido amplamente reconhecido como um microrganismo industrial e clinicamente importante (Lee et al., 2014b; Ser et al., 2015a; Ser et al., 2015c; Tan et al., 2015a) que produz compostos valiosos, incluindo antibióticos (Lee et al., 2014a), agentes antitumorais, antiparasitários, agentes imunossupressores e enzimas (Manivasagan et al., 2013). A produção de uma variedade de compostos químicos de largo espetro, tal como demonstrado por Streptomyces, tem a vantagem de produzir potenciais compostos antagonistas e antimicrobianos que podem ser valiosos como probióticos contra os agentes patogénicos Vibrio na aquacultura. A capacidade de produzir compostos antagónicos torna os probióticos de Streptomyces capazes de competir por nutrientes e locais de fixação no hospedeiro. Por exemplo, a produção de bacteriocinas (Desriac et al., 2010), sideróforos (Lalloo et al., 2010), enzimas (protease, amilase, lipase) (Augustine et al., 2015), peróxido de hidrogénio (Sugita et al., 2007) e ácidos orgânicos (Sugita et al., 1997) são alguns dos exemplos documentados dos probióticos utilizados em aquacultura. Da mesma forma, um estudo relatou um Streptomyces sp. com actividades de produção de sideróforos e sugeriu que a utilização deste Streptomyces sp. pode influenciar o crescimento de Vibrio sp. patogénico através da competição pelo ferro no ambiente aquático (You et al., 2005). Os sideróforos são agentes quelantes específicos de iões férricos com baixas massas moleculares que são normalmente produzidos por microrganismos e plantas em condições de limitação de Fe (Ahmed e Holmstrom, 2014). Acredita-se que os probióticos com a capacidade de produzir sideróforos superam a concorrência dos agentes patogénicos, limitando a biodisponibilidade do ferro e resultando na atenuação do crescimento dos agentes patogénicos, uma vez que o ferro é essencial para o crescimento, bem como para a formação de biofilme (Weinberg, 2004). A formação de biofilmes desempenha muitos papéis imperativos em Vibrio sp. para a sua sobrevivência, virulência e resistência a factores de stress ambiental (Johnson, 2013). Os biofilmes servem para tornar o Vibrio sp. mais protegido e menos suscetível aos agentes antimicrobianos e, por conseguinte, difícil de controlar. Estudos indicaram que a concentração de ferro intracelular é essencial para a formação de biofilme e desenvolvimento em bactérias e também no Vibrio sp. (Banin et al., 2005;Berlutti et al., 2005;Mey et al., 2005). Mey et al. (2005) revelaram que o V. cholerae de tipo selvagem sofreu uma formação deficiente de biofilme em meio com deficiência de ferro e também elucidaram o papel do gene rhyB na homeostase do ferro para a formação de biofilme, uma vez que o V. cholerae mutante rhyB foi incapaz de formar biofilme de tipo selvagem em meio com baixo teor de ferro. A descoberta de estirpes de Streptomyces com capacidade de produzir sideróforos está a proporcionar uma nova abordagem no controlo de Vibrio sp. em ambientes de aquacultura, uma vez que os biofilmes são considerados um reservatório para alguns Vibrio sp. patogénicos que podem causar efeitos prejudiciais no gado cultivado em aquacultura. Além disso, a Streptomyces também foi evidenciada na produção de compostos inibitórios e metabolitos envolvidos na atividade anti-quorum sensing (You et al., 2007) e na atividade antivirulência em Vibrio sp. (Iwatsuki et al., 2008), que foram demonstrados anteriormente nesta revisão. Estas actividades anti-Vibrio promissoras também reforçam a ideia da aplicabilidade de Streptomyces na aquacultura como um agente de biocontrolo alternativo contra Vibrio sp.

Streptomyces vive saprofiticamente em diversos habitats do solo com o desenvolvimento de filamentos hifais ramificados num ambiente propício (Flardh e Buttner, 2009). Streptomyces coloniza os substratos sólidos, aderindo e penetrando, de modo a obter acesso a materiais orgânicos insolúveis no solo (Flardh e Buttner, 2009). Diferentes enzimas hidrolíticas, como a amilase, a protease e a lipase, também são produzidas por Streptomyces para decompor os materiais orgânicos insolúveis e fornecer nutrientes para a formação de micélio de substrato densamente compactado, que é reutilizado para alimentar a fase reprodutiva do crescimento aéreo na produção de cadeias de esporos (Chater et al., 2010). Acredita-se que as adaptações fisiológicas únicas descritas acima tornam os Streptomyces potenciais probióticos; a produção de exoenzimas que podem facilitar a utilização e a digestão dos alimentos e o desenvolvimento de filamentos hifais aderentes e penetrantes podem ajudar na colonização do intestino do hospedeiro na aquicultura. Das et al. (2010) descobriram que a incorporação de Streptomyces na ração resultou em aumento de peso do camarão P. monodon, postulando que as exoenzimas hidrolíticas secretadas por Streptomyces ajudam na atividade amilolítica e proteolítica no trato digestivo do camarão para um uso mais eficiente da ração. Da mesma forma, a ração suplementada com S. fradiae também demonstrou aumentar o crescimento do P. monodon pós-larval (Aftabuddin et al., 2013). Além de mostrar bons efeitos promotores de crescimento em camarões, o desempenho de crescimento do peixe ornamental Xiphophorus helleri (peixe-espada vermelho) também foi aprimorado quando alimentado com rações suplementadas com Streptomyces após 50 dias de teste de alimentação (Dharmaraj e Dhevendaran, 2010). O estudo semelhante também revelou que a produção da hormona promotora do crescimento, o ácido indolacético, por Streptomyces sp. poderia ser a razão que resultou numa melhor taxa de crescimento, como demonstrado por Xiphophorus helleri alimentado com rações suplementadas com Streptomyces (Dharmaraj e Dhevendaran, 2010).

Os Streptomyces também demonstram caraterísticas atractivas para resistir às condições ambientais adversas através da formação de digestão enzimática, vibração sónica e esporos resistentes à dessecação (McBride e Ensign, 1987), permitindo-lhes assim resistir aos sucos gástricos de pH baixo dos animais e também manter uma vida útil mais longa nos tanques de aquacultura antes de serem consumidos pelos animais. Contudo, deve notar-se que os esporos de Streptomyces só são resistentes a temperaturas moderadamente elevadas (McBride e Ensign, 1987) e não são comparáveis aos endosporos altamente resistentes ao calor de Bacillus sp. que tem uma composição e uma fisiologia diferentes dos esporos de Streptomyces. No entanto, há um relatório sobre o isolamento de Streptomyces sp. a partir de uma amostra fecal de galinha que mostrou excelente viabilidade a pH 2, exibiu forte resistência à pepsina (a 3mg/mL), bem como resistência à bílis (a 0,3%) e à pancreatina (a 1mg/mL) (Latha et al., 2015). Sugeriu-se que as estirpes provenientes das cavidades internas dos animais seriam melhores para se adaptarem e colonizarem o sistema gastrointestinal dos animais (Latha et al., 2015). Isso também é evidenciado em Das et al. (2010), que mostrou Streptomyces sp. do sedimento do sistema de cultivo de camarão capaz de atingir o sistema digestivo do camarão, permitindo assim um estabelecimento e crescimento mais fáceis dos probiontes no hospedeiro. Esses achados deduzem que a capacidade de formação de esporos de Streptomyces com alta tolerância à acidez e aos ácidos biliares os torna uma alternativa mais prática do que as bactérias com capacidade de não formação de esporos e determinam ainda mais o potencial de Streptomyces como probiótico na aquicultura (Das et al., 2010).

A experiência de desafio in vivo relatada por Das et al. (2010) reforça ainda mais a opinião de que os Streptomyces devem ser destacados como probióticos na aquicultura. O estudo demonstrou com êxito o efeito protetor de Streptomyces em Artemia juvenil e adulta (15 dias de idade) contra agentes patogénicos Vibrio. A concentração de 1% de Streptomyces (v/v) pode resultar em taxas de sobrevivência mais elevadas do que as do grupo de controlo não tratado de Artemia depois de desafiado com V. harveyi ou V. proteolyticus a 10^6 CFU/mL. A resposta protetora demonstrada pelo estudo também sugere que os Streptomyces podem ser administrados a organismos-alvo através da bioencapsulação em Artemia como vetor para transportar os probióticos benéficos de Streptomyces na aquicultura. Foi demonstrado que a bioencapsulação de probióticos em alimentos vivos, como a Artemia e os rotíferos, é um modo eficaz de administração dos probióticos no trato digestivo dos organismos-alvo da aquacultura (Gatesoupe, 2002; Suzer et al., 2008). O estudo também examinou a eficácia dos Streptomyces na proteção do camarão P. monodon contra os agentes patogénicos Vibrio. Verificou-se que a ração suplementada com Streptomyces sp. CLS-28 durante 15 dias exerceu um efeito de proteção no camarão P. monodon contra o desafio de 12 horas de V. harveyi (LD50 a $10^{6,5}$ CFU/mL) (Das et al., 2010). Recentemente, um estudo relatou um S. rubrolavendulae M56 marinho (número de acesso KJ403746) foi mostrado para exibir atividade antagônica contra todos os quatro Vibrio sp. incluindo V. harveyi, V. alginolyticus, V. parahaemolyticus e V. fluvialis em um experimento de co-cultura in-vitro (Augustine et al., 2015). A fim de confirmar os resultados in vitro, Augustine et al. (2015) demonstraram que os biogrânulos S. rubrolavendulae M56 resultaram numa menor percentagem de mortalidade de pós-larvas de P. monodon com a redução de Vibrio sp. viáveis no sistema de cultura após 28 dias de ensaio.

Em resultado da acumulação de resíduos metabólicos dos organismos cultivados e da decomposição dos alimentos residuais, o nível de amoníaco e de nitritos acumula-se na aquicultura, causando um grave problema de qualidade da água que tem efeitos consideráveis no estado de saúde dos animais da aquicultura. Para além de mostrar eficácia no controlo dos microrganismos patogénicos, verificou-se que o probiótico Streptomyces também regula a microflora da água de aquicultura, o que resulta em melhores condições nos tanques. Foi demonstrado que a aplicação de um produto probiótico aumenta a população bacteriana mineralizadora e amonificadora de proteínas sem causar qualquer efeito adverso na microflora da aquicultura, resultando num processo de decomposição mais rápido dos resíduos acumulados (Devaraja et al., 2002). Também foram observados resultados semelhantes, em que a aplicação de bactérias Streptomyces reduz o nível de amoníaco e aumenta o total de bactérias heterotróficas nos lagos/tanques (Das et al., 2006; Das et al., 2010; Aftabuddin et al., 2013). Estes resultados demonstraram que as Streptomyces podem ser aplicadas como probióticos que melhoram a qualidade da água da aquacultura e, indiretamente, melhoram o desempenho do crescimento e o rendimento dos organismos cultivados.

Convencionalmente, a farinha de peixe tem sido conhecida como o ingrediente indispensável nas rações comerciais para aquacultura devido ao seu elevado teor proteico com um excelente perfil de aminoácidos e é altamente digerível (Gatlin et al., 2007). Devido ao facto de a farinha de peixe ser dispendiosa e limitada, as actuais formulações de rações têm de mudar para outras fontes alternativas de proteínas. A proteína unicelular microbiana de Streptomyces é uma das fontes alternativas de proteína. Muitos estudos afirmaram que a proteína unicelular derivada de Streptomyces proporciona uma melhor eficiência de conversão alimentar e também é capaz de melhorar o crescimento de peixes (Suguna, 2012b; Selvakumar et al., 2013) e camarões (Manju e Dhevendaran, 1997). Dharmaraj e Dhevendaran (2010) sugeriram que a utilização de Streptomyces não só apresenta efeitos benéficos como probiótico na aquicultura, como a incorporação de Streptomyces na ração é também uma abordagem económica, uma vez que as bactérias probióticas podem substituir cerca de 30-40% da farinha de peixe utilizada numa ração. O estudo mostrou que a Streptomyces pode ser uma fonte de proteína alternativa mais barata nos alimentos para aquacultura (Dharmaraj e Dhevendaran, 2010).

8.3. Limitações do Streptomyces como probiótico em aquacultura

Sabe-se que o Streptomyces produz geosmina e MIB (2-metilisoborneol), que são dois compostos terpenóides semivoláteis comuns que apresentam um sabor e odor a terra/ferrugem. Sabe-se que estes compostos voláteis reduzem a palatabilidade do gado cultivado e têm um impacto negativo nas indústrias de aquacultura (Auffret et al., 2011). Estes compostos com sabor desagradável podem ser absorvidos e bioacumulados nas brânquias, pele e carne dos peixes até 200 a 400 vezes mais do que a concentração ambiente, reduzindo assim o valor comercial dos peixes (Howgate, 2004). Têm sido utilizadas muitas abordagens para remover estes compostos de odor terroso da água, tais como a utilização de carvão ativado em pó, ozonização e biofiltração (Elhadi et al., 2004). Entre estas tecnologias, a ozonização é sugerida como um método eficaz para remover os compostos de odor desagradável, juntamente com a utilização de Streptomyces como probióticos em aquacultura. Sabe-se que o ozono remove odorantes como a geosmina e o MIB da água através da oxidação (Goncalves e Gagnon, 2011). Um estudo anterior também indicou que o efeito combinado de ozonização (a 0,3mg O_3/L ROC) e dietas probióticas (Bacillus sp. S11) foi capaz de proteger o camarão P. monodon do teste de desafio Vibrio sem prejudicar o camarão e as bactérias probióticas no sistema interno do camarão (Meunpol et al., 2003).

Além disso, o risco potencial de transferência genética lateral de genes de resistência a antibióticos pode ser uma questão usada contra a aplicação de Streptomyces como probiótico na aquicultura. Apesar disso, há cada vez mais relatos sobre a resistência a antibióticos desenvolvida pelos probióticos comumente usados, como Lactobacillus sp. (Sharma et al., 2015), Bifidobacterium sp. e Bacillus sp. (Gueimonde et al., 2013). Além disso, estudos também relataram que os fenótipos de resistência a antibióticos exibidos pelas estirpes probióticas de Streptomyces foram geralmente conferidos pelas suas propriedades de resistência intrínsecas (Das et al., 2010;Latha et al., 2015). Assim, deve ser efectuado um rastreio sistemático de potenciais determinantes de genes de resistência a antibióticos no genoma de potenciais probióticos de Streptomyces, a fim de avaliar os riscos potenciais e a mobilidade. Além disso, as estratégias curativas podem ser uma ferramenta valiosa para remover o elemento genético que abriga a resistência a antibióticos das estirpes probióticas relevantes (Morelli e Campominosi, 2002; Rosander et al., 2008). Por exemplo, o método de cura por formação de protoplastos foi demonstrado com êxito por Rosander et al. (2008) para remover dois plasmídeos resistentes do Lactobacillus reuteri (ATCC 55730) original e sem afetar as propriedades probióticas da estirpe. Por conseguinte, Streptomyces pode ser um dos probióticos interessantes a explorar como alternativa aos antibióticos na manutenção de uma aquicultura sustentável.

Até à data, há ainda um número limitado de estudos que utilizam Streptomyces como probióticos em aquicultura, embora estudos anteriores tenham apresentado resultados promissores. Para que os Streptomyces sejam incluídos entre os agentes de controlo biológico habitualmente utilizados na aquicultura, são necessários mais ensaios exaustivos para estabelecer a natureza probiótica dos Streptomyces na prevenção de doenças e no aumento do crescimento dos animais de aquicultura. Além disso, é necessária uma melhor compreensão do modo de ação exato de Streptomyces envolvido nos efeitos probióticos. Por conseguinte, a investigação futura poderia centrar-se mais em técnicas moleculares para elucidar o possível mecanismo subjacente representado pelo probiótico Streptomyces em ambientes de aquicultura.

CAPÍTULO 9

9. Conclusão

Existe uma necessidade urgente de procurar novos fármacos terapêuticos, especialmente antibióticos, devido ao rápido aumento da resistência dos agentes patogénicos Vibrio sp. aos principais antibióticos de primeira linha. Por conseguinte, os investigadores devem envidar esforços consideráveis para selecionar e isolar estirpes promissoras de Streptomyces com propriedades antimicrobianas. As informações e os conhecimentos obtidos nesta revisão podem ajudar a selecionar as potenciais fontes de isolamento e servir de guia para futuros bioprospectores na procura de Streptomyces produtoras de antibióticos, especialmente contra Vibrio spp. Com base nas conclusões desta revisão, os sedimentos de mangais podem ser uma melhor fonte de Streptomyces com atividade anti-Vibrio. Além disso, esta revisão também mostrou que a conceção de um meio de fermentação adequado é importante para um melhor rendimento e atividade antimicrobiana de Streptomyces sp. Sugerimos que o amido e o extrato de levedura são boas fontes de carbono e de azoto para a produção de metabolitos secundários por Streptomyces anti-Vibrio. A temperatura, as concentrações de fosfato e cloreto de sódio são também critérios importantes que devem ser considerados ao conceber o meio de fermentação e as condições para a produção de metabolitos anti-Vibrio no género Streptomyces. As descobertas limitadas sobre os compostos bioactivos com atividade anti-Vibrio de Streptomyces sp. sugerem que mais estudos devem centrar-se na elucidação dos potenciais compostos bioactivos especificamente contra Vibrio sp. Assim, poderiam ser desenvolvidos fármacos clinicamente importantes a partir destas estirpes de Streptomyces para tratar infecções causadas por bactérias relacionadas, tais como V. cholerae, V. parahaemolyticus e V. vulnificus em contextos clínicos, bem como para controlar a vibriose na aquicultura. Além disso, o Streptomyces pode ser aplicado como probiótico na aquicultura, não só para controlar a vibriose, mas também para melhorar a saúde e a qualidade da aquicultura.

Referências

Acharyya, S., Patra, A., e Bag, P.K. (2009). Avaliação da atividade antimicrobiana de algumas plantas medicinais contra bactérias entéricas, com especial referência ao Vibrio cholerae multirresistente. Trop. J. Pharm. Res. 8. doi: 10.4314/tjpr.v8i3.44538

Aftabuddin, S., Kashem, M.A., Kader, M.A., Sikder, M.N.A., e Hakim, M.A. (2013). Uso de Streptomyces fradiae e Bacillus megaterium como probióticos na cultura experimental do camarão tigre Penaeus monodon (Crustacea, Penaeidae). AACL Bioflux 6, 253-267. URL: www.bioflux.com.ro/docs/2013.253-267.pdf

Aharonowitz, Y., e Demain, A.L. (1977). Influência de fosfato inorgânico e tampões orgânicos na produção de cefalosporina por Streptomyces clavuligerus. Arch. Microbiol. 115, 169-173. doi: 10.1007/bf00406371

Ahmed, E., e Holmstrom, S.J. (2014). Sideróforos na pesquisa ambiental: papéis e aplicações. Microb. Biotechnol. 7, 196-208. doi: 10.1111/1751-7915.12117

Albuquerque Costa, R., Araujo, R.L., Souza, O.V., e Vieira, R.H. (2015). Vibrios resistentes a antibióticos em camarões de cultivo. Biomed Res Int 2015, 505914. doi: 10.1155/2015/505914

Arasu, M.V., Rejiniemon, T.S., Al-Dhabi, N.A., Duraipandiyan, V., Ignacimuthu, S., Agastian, P., et al. (2014). Requisitos nutricionais para a produção de metabólitos antimicrobianos de Streptomyces. Afr. J. Microbiol. Res 8, 750-758. doi: 10.5897/ajmr2013.6351

Arifuzzaman, M., Khatun, M., e Rahman, H. (2010). Isolamento e rastreio de actinomicetos do solo de Sundarbans para atividade antibacteriana. Afr. J. Biotechnol. 9, 4615-4619. doi: 10.5897/AJB10.339

Auffret, M., Pilote, A., Proulx, E., Proulx, D., Vandenberg, G., e Villemur, R. (2011). Estabelecimento de um método de PCR em tempo real para a quantificação de Streptomyces spp. produtores de geosmina em sistemas de aquacultura em recirculação. Water. Res. 45, 6753-6762. doi: 10.1016/j.watres.2011.10.020

Agostinho, D., Jacob, J.C., e Filipe, R. (2015). Exclusão de Vibrio spp. por um actinomiceto marinho antagónico Streptomyces rubrolavendulae M56. Aquaculture Research. doi: 10.1111/are.12746

Agostinho, N., Wilson, P. A., Kerkar, S., e Thomas, S. (2012). Actinomicetos do Ártico como potenciais inibidores do biofilme de Vibrio cholerae. Curr. Microbiol. 64, 338-342. doi: 10.1007/s00284- 011-0073-4

Austin, B., e Zhang, X.H. (2006). Vibrio harveyi: um importante agente patogénico de vertebrados e invertebrados marinhos. Lett. Appl. Microbiol. 43, 119-124. doi: 10.1111/j.1472-765X.2006.01989.x

Azman, A.S., Othman, I., Velu, S.S., Chan, K.G., e Lee, L.H. (2015). Actinobactérias raras de mangue: taxonomia, composto natural e descoberta de bioatividade. Front. Microbiol. 6, 856. doi: 10.3389/fmicb.2015.00856

B'hymer, C. (2003). Teste de solventes residuais: uma revisão das técnicas cromatográficas em fase gasosa e alternativas. Pharm. Res. 20, 337-344. doi: 10.1023/A:1022693516409

Banin, E., Vasil, M.L., e Greenberg, E.P. (2005). Formação de biofilme de ferro e Pseudomonas aeruginosa. Proc. Natl. Acad. Sci. USA 102, 11076-11081. doi: 10.1073/pnas.0504266102

Barakat, K.M., e Beltagy, E.A. (2015). Ftalato bioativo de Streptomyces ruber EKH2 marinho contra patógenos virulentos de peixes. Egito. J. Aquat. Res. 41, 49-56. doi: 10.1016/j.ejar.2015.03.006

Basilio, A., Gonzalez, I., Vicente, M.F., Gorrochategui, J., Cabello, A., Gonzalez, A., et al. (2003). Padrões de actividades antimicrobianas de actinomicetos do solo isolados em diferentes condições de pH e salinidade. J. Appl. Microbiol. 95, 814-823. doi: 10.1046/j.1365- 2672.2003.02049.x

Bentley, S.D., Chater, K.F., Cerdeno-Tarraga, A.M., Challis, G.L., Thomson, N.R., James, K.D., et al. (2002). Sequência completa do genoma do actinomiceto modelo Streptomyces coelicolor A3(2). Nature 417, 141-147. doi: 10.1038/417141a

Berdy, J. (2005). Metabolitos microbianos bioactivos. J. Antibiot. 58, 1-26. doi: 10.1038/ja.2005.1

Berlutti, F., Morea, C., Battistoni, A., Sarli, S., Cipriani, P., Superti, F., et al. (2005). A disponibilidade de ferro influencia a agregação, o biofilme, a adesão e a invasão de Pseudomonas aeruginosa e Burkholderia cenocepacia. Int. J. Immunopathol. Pharmacol. 18, 661-670. doi: 10.1177/039463200501800407

Bernal, M.G., Campa-Cordova, A.I., Saucedo, P.E., Gonzalez, M.C., Marrero, R.M., e Mazon-Suastegui, J.M. (2015). Isolamento e seleção *in vitro* de estirpes *de actinomicetos* como potenciais probióticos para a aquacultura. *Vet. World* 8, 170-176. doi: 10.14202/vetworld.2015.170-176

Bhatnagar, R.K., Doull, J.L., e Vining, L.C. (1988). Papel da fonte de carbono na regulação da produção de cloranfenicol por *Streptomyces venezuelae*: estudos em culturas contínuas e em lotes. *Can. J. Microbiol.* 34, 1217-1223. doi: 10.1139/m88-214

Bode, H.B., Bethe, B., Hofs, R., e Zeeck, A. (2002). Grandes efeitos de pequenas mudanças: possíveis formas de explorar a diversidade química da natureza. *Chembiochem* 3, 619-627. doi: 10.1002/14397633

Bonjar, G.S. (2004). Broadspectrim, um novo antibacteriano de *Streptomyces* sp. *Biotecnologia (Paquistão)* 3, 120-130. doi: 10.3923/biotech.2004.126.130

Bruckner, R., e Titgemeyer, F. (2002). Carbon catabolite repression in bacteria: choice of the carbon source and autoregulatory limitation of sugar utilization. *FEMS Microbiol. Lett.* 209, 141-148. doi: 10.1111/j.1574-6968.2002.tb11123.x

Burrus, V., Marrero, J., e Waldor, M.K. (2006). A atual era do ICE: biologia e evolução dos elementos conjugativos integradores relacionados com o SXT. *Plasmid* 55, 173-183. doi: 10.1016/j.plasmid.2006.01.001

Busarakam, K., Bull, A.T., Girard, G., Labeda, D.P., Van Wezel, G.P., e Goodfellow, M. (2014). *Streptomyces leeuwenhoekii* sp. nov., o produtor de chaxalactinas e chaxamicinas, forma um ramo distinto nas árvores genéticas de *Streptomyces. Antonie Van Leeuwenhoek* 105, 849-861. doi: 10.1007/s10482- 014-0139-y

Bush, K., Courvalin, P., Dantas, G., Davies, J., Eisenstein, B., Huovinen, P., et al. (2011). Tackling antibiotic resistance (Combater a resistência aos antibióticos). *Nat. Rev. Microbiol.* 9, 894-896. doi: 10.1038/nrmicro2693

Butler, M.S. (2008). De produtos naturais a medicamentos: compostos derivados de produtos naturais em ensaios clínicos. *Nat. Prod. Rep.* 25, 475-516. doi: 10.1039/b514294f

Cano-Gomez, A., Bourne, D.G., Hall, M.R., Owens, L., e H0j, L. (2009). Identificação molecular, tipagem e rastreio de *Vibrio harveyi* em sistemas de aquacultura: métodos actuais e perspectivas futuras. *Aquaculture* 287, 1-10. doi: 10.1016/j.aquaculture.2008.10.058

Castillo, D., Jun, J.W., D'alvise, P., Middelboe, M., Gram, L., Liu, S., et al. (2015). Projeto de sequência do genoma de *Vibrio parahaemolyticus* VH3, isolado de um ambiente de aquacultura na Grécia. *Genome Announc.* 3, e00731-00715. doi: 10.1128/genomeA.00731-15

Castillo, U.F., Strobel, G.A., Ford, E.J., Hess, W.M., Porter, H., Jensen, J.B., et al. (2002). Munumbicinas, antibióticos de largo espetro produzidos por *Streptomyces* NRRL 30562, endofíticos em *Kennedia nigriscans. Microbiology* 148, 2675-2685. doi: 10.1099/00221287148-9-2675

Castillo, U.F., Strobel, G.A., Mullenberg, K., Condron, M.M., Teplow, D.B., Folgiano, V., et al. (2006). Munumbicinas E-4 e E-5: novos antibióticos de largo espetro de *Streptomyces* NRRL 3052. FEMS *Microbiol. Lett.* 255, 296-300. doi: 10.1111/j.1574-6968.2005.00080.x

Chao, G., Jiao, X., Zhou, X., Yang, Z., Huang, J., Pan, Z., et al. (2009). Serodiversidade, pandemia de O3: K6, tipagem molecular e suscetibilidade a antibióticos de isolados clínicos e de origem alimentar de *Vibrio parahaemolyticus* em Jiangsu, China. *Foodborne Pathog. Dis.* 6, 1021-1028. doi: 10.1089/fpd.2009.0295

Charoensopharat, K., Thummabenjapone, P., Sirithorn, P., e Thammasirirak, S. (2008). Substância antibacteriana produzida por *Streptomyces* sp. n.º 87. *Afr. J. Biotechnol.* 7, 13621368. doi: 10.5897/AJB08.017

Chater, K.F., Biro, S., Lee, K.J., Palmer, T., e Schrempf, H. (2010). A complexa biologia extracelular de Streptomyces. FEMS Microbiol. Rev. 34, 171-198. doi: 10.1111/j.1574- 6976.2009.00206.x

Chau, N.T.T., Matsumoto, M., e Miyajima, I. (2014). Otimização do meio para a produção de um novo probiótico de aquicultura, Streptomyces sp. A1 usando o projeto composto central da metodologia de superfície de resposta. J. Fac. Agr. Kyushu U. 59, 25-32. URL: http://catalog.lib.kyushu-u.ac.jp/handle/2324/1434376/p025.pdf

Cheng, Y., Hauck, L., e Demain, A. (1995). Nutrição de fosfato, amónio, magnésio e ferro de Streptomyces hygroscopicus em relação à biossíntese de rapamicina. J. Ind. Microbiol. 14, 424-427. doi: 10.1007/bf01569962

Cho, J.Y., e Kim, M.S. (2012). Benzaldeídos antibacterianos produzidos por Streptomyces atrovirens PK288-21 derivados de algas marinhas. Fisheries Sci. 78, 1065-1073. doi: 10.1007/s12562-012-0531-3

Choi, D., Choi, O.Y., Shin, H.-J., Chung, D.-O., e Shin, D.-Y. (2007). Produção de tilosina por Streptomyces fradiae utilizando farinha de milho crua em biorreactor airlift. J. Microbiol. Biotechnol. 17, 1071-1078. URL: http://www.jmb.or.kr/journal/download.php?Filedir=../submission/Journal/017/&num=1304

Chopra, I., e Roberts, M. (2001). Antibióticos de tetraciclina: modo de ação, aplicações, biologia molecular e epidemiologia da resistência bacteriana. Microbiol. Mol. Biol. Rev. 65, 232-260. doi:

50

10.1128/MMBR.65.2.232-260.2001

Chouayekh, H., e Virolle, M.J. (2002). A polifosfato quinase desempenha um papel negativo no controlo da produção de antibióticos em Streptomyces lividans. Mol. Microbiol. 43, 919-930. doi: 10.1046/j.1365-2958.2002.02557.x

Centros de Controlo e Prevenção de Doenças (2012). Notas do terreno: Identificação do serogrupo O1 de Vibrio cholerae, serotipo Inaba, biótipo El Tor - Haiti, março de 2012. MMWR. Morb. Mortal. Wkly. Rep. 61, 309. URL: http://www.cdc.gov/mmwr/preview/mmwrhtml/mm6117a4.htm

Costa, C.L., e Badino, A.C. (2012). Produção de ácido clavulânico por Streptomyces clavuligerus em culturas descontínuas sem e com pulsos de glicerol em diferentes condições de temperatura. Biochem. Eng. J. 69, 1-7. doi: 10.1016/j.bej.2012.08.005

Crim, S.M., Griffin, P.M., Tauxe, R., Marder, E.P., Gilliss, D., Cronquist, A.B., et al. (2015). Preliminar incidência e tendências de infeção por patógenos transmitidos comumente por meio de alimentos - Rede de Vigilância Ativa de Doenças Transmitidas por Alimentos, 10 sites dos EUA, 2006-2014. *MMWR*. Morb. Mortal. Wkly. Rep. 64, 495-499. URL: http://www.cdc.gov/mmwr/preview/mmwrhtml/mm6418a4.htm

Dalsgaard, A., Forslund, A., Sandvang, D., Arntzen, L., e Keddy, K. (2001). Os isolados do surto de Vibrio cholerae O1 em Moçambique e na África do Sul em 1998 são resistentes a múltiplos medicamentos, contêm o elemento SXT e o gene aadA2 localizado em integrões de classe 1. J. Antimicrob. Chemother. 48, 827-838. doi: 10.1093/jac/48.6.827

Dalsgaard, A., Forslund, A., Tam, N.V., Vinh, D.X., e Cam, P.D. (1999). Cholera in Vietnam: changes in genotypes and emergence of class I integrons containing aminoglycoside resistance gene cassettes in Vibrio cholerae O1 strains isolated from 1979 to 1996. J. Clin. Microbiol. 37, 734-741. URL: http://jcm.asm.org/content/37/3/734.full.pdf+html

Das, S., Lyla, P., e Ajmal Khan, S. (2006). Aplicação de Streptomyces como probiótico na cultura laboratorial de Penaeus monodon (Fabricius). Isr. J. Aquacult. - Bamid. 58, 198-204. URL: http://cmsadmin.atp.co.il/Content_siamb/editor/58_3_Das.pdf

Das, S., Ward, L.R., e Burke, C. (2010). Triagem de Streptomyces spp. marinhos para uso potencial como probióticos em aquacultura. Aquaculture 305, 32-41. doi: 10.1016/j.aquaculture.2010.04.001

Davies, J. (2011). Como descobrir novos antibióticos: colhendo o parvome. Curr. Opin. Chem, Biol. 15, 5-10. doi: 10.1016/j.cbpa.2010.11.001

De Leder Kremer, R.M., e Gallo-Rodriguez, C. (2004). Monossacarídeos de ocorrência natural: propriedades e síntese. Adv. Carbohydr. Chem. Biochem. 59, 9-67. doi: 10.1016/S0065- 2318(04)59002-9

Deconinck, E., Canfyn, M., Sacre, P.-Y., Baudewyns, S., Courselle, P., e De Beer, J.O. (2012). Um método GC-MS validado para a determinação e quantificação de solventes residuais em comprimidos e cápsulas contrafeitos. J. Pharm. Biomed. Anal. 70, 64-70. doi: 10.1016/j.jpba.2012.05.022

Deepa, S., Bharathidasan, R., e Panneerselvam, A. (2012). Estudos sobre o isolamento de streptomycetes de agrupamento nutricional de peixes. Avanços na Investigação em Ciências Aplicadas 3, 895-899. URL: http://pelagiaresearchlibrary.com/advances-in-applied-science/vol3-iss2/AASR-2012- 3-2- 895-899.pdf

Defoirdt, T., Boon, N., Sorgeloos, P., Verstraete, W., e Bossier, P. (2007). Alternativas aos antibióticos para controlar infecções bacterianas: a vibriose luminescente na aquacultura como exemplo. Trends Biotechnol. 25, 472-479. doi: 10.1016/j.tibtech.2007.08.001

Dekleva, M.L., e Strohl, W.R. (1988). Biossíntese de £-rhodomycinone a partir de glicose por Streptomyces C5 e comparação com o metabolismo intermediário de outros estreptomicetos produtores de policetídeos. Can. J. Microbiol. 34, 1235-1240. doi: 10.1139/m88-217

Demain, A.L., e Inamine, E. (1970). Bioquímica e regulação da formação de estreptomicina e manosidostreptomicinase (alfa-D-manosidase). Bacteriol. Rev. 34, 1-19. URL: http://www.ncbi.nlm.nih.gov/pmc/articles/PMC378346/pdf/bactrev00070-0009.pdf

Desriac, F., Defer, D., Bourgougnon, N., Brillet, B., Le Chevalier, P., e Fleury, Y. (2010). Bacteriocina como armas na guerra de bactérias associadas a animais marinhos: inventário e aplicações potenciais como probiótico para aquacultura. Mar. drugs 8, 1153-1177. doi: 10.3390/md8041153

Devaraja, T.N., Yusoff, F.M., e Shariff, M. (2002). Alterações nas populações bacterianas e na produção de camarão em tanques tratados com produtos microbianos comerciais. Aquaculture 206, 245-256. doi: 10.1016/s0044-8486(01)00721-9

Dharmaraj, S. (2010). Streptomyces marinhos como uma nova fonte de substâncias bioactivas. World J. Microb. Biot. 26, 2123-2139. doi: 10.1007/s11274-010-0415-6

Dharmaraj, S. (2011). Potencial antagonista de actinobactérias marinhas contra agentes patogénicos de peixes e mariscos. Turk. J. Biol. 35, 303-311. doi: http://dergipark.ulakbim.gov.tr/tbtkbiology/article/viewFile/5000021458/5000021699

Dharmaraj, S., e Dhevendaran, K. (2010). Avaliação de Streptomyces como alimento probiótico para o crescimento do peixe ornamental Xiphophorus helleri. Food Technol. Biotechnol. 48, 497-504. URL: http://hrcak.srce.hr/index.php?show=clanak&id_clanak_jezik=92477

Dharmaraj, S., e Sumantha, A. (2009). Potencial bioativo de Streptomyces associado a esponjas marinhas . J. Microb. Biot. 25, 1971-1979. doi: 10.1007/s11274-009-0096-1

Dharumadurai, D., Annamalai, P., Nooruddin, T., e Saravanan, C. (2014). Isolamento, caraterização do composto antibacteriano metil substituído 0-lactum de *Streptomyces noursei* DPTD21 em Saltpan Soil, Índia. *Jornal de produtos biologicamente ativos da natureza* 4, 71-88. doi: 10.1080/22311866.2013.833388

D^az-Quinonez, A., Hernandez-Monroy, I., Montes-Colima, N., Moreno-Perez, A., Galicia-Nicolas, A., Martinez-Rojano, H., et al. (2014). Notas do campo: surto de *Vibrio cholerae* serogrupo O1, sorotipo Ogawa, biótipo El Tor estirpe-La Huasteca Region, México, 2013. *MMWR. Morb. Mortal. Wkly. Rep.* 63, 552-553. URL: http://www.cdc.gov/mmwr/preview/mmwrhtml/mm6325a5.htm

Dileep, N., Junaid, S., Rakesh, K.N., Prashith Kekuda, T.R., e Onkarappa, R. (2013). Atividade antibacteriana de três espécies de *Streptomyces* isoladas de solos de Shikaripura, Karnataka, Índia. *Jornal de Opinião Biológica e Científica* 1. doi: 10.7897/23216328.01307

Eccleston, G.P., Brooks, P.R., e Kurtboke, D.I. (2008). A ocorrência de Micromonosporae bioactivos em habitats aquáticos da Sunshine Coast na Austrália. Mar. Drugs 6, 243-261. doi: 10.3390/md20080012

Elahwany, A.M., Ghozlan, H.A., Elsharif, H.A., e Sabry, S.A. (2015). Diversidade filogenética e atividade antimicrobiana de bactérias marinhas associadas ao coral mole Sarcophyton glaucum. J. Basic Microbiol. 55, 2-10. doi: 10.1002/jobm.201300195

Elhadi, S.L., Huck, P.M., e Slawson, R.M. (2004). Remoção de geosmina e 2-metilisoborneol por filtração biológica. Water. Sci. Technol. 49, 273-280. doi: http://wst.iwaponline.com/content/49/9/273

Eppinger, M., Bunk, B., Johns, M.A., Edirisinghe, J.N., Kutumbaka, K.K., Koenig, S.S., et al. (2011). Sequências genómicas das estirpes de Bacillus megaterium de importância biotecnológica QM B1551 e DSM319. J. Bacteriol. 193, 4199-4213. doi: 10.1128/JB.00449-11

Farmer III, J., e Hickman-Brenner, F. (2006). "Os géneros Vibrio e photobacterium", em The prokaryotes. Springer, 508-563.

Flardh, K., e Buttner, M.J. (2009). Streptomyces morphogenetics: dissecando a diferenciação em uma bactéria filamentosa. Nat. Rev. Microbiol. 7, 36-49. doi: 10.1038/nrmicro1968

Fuller, R. (1989). Probióticos no homem e nos animais: uma revisão. J. Appl. Bacteriol. 66, 365-378. doi: 10.1111/j.1365-2672.1989.tb05105.x

Ganesan, S., Velsamy, G., Sivasudha, T., e Manoharan, N. (2013). Perfil do espetro de massa MALDI-TOF, atividade antibacteriana e anticâncer de Streptomyces fradiae BDMS1 marinho. Jornal Mundial de Farmácia e Ciências Farmacêuticas 2, 5148-5165. URL: http://www.wjpps.com/download/article/1386008864.pdf

Garg, P., Chakraborty, S., Basu, I., Datta, S., Rajendran, K., Bhattacharya, T., et al. (2000). Expansão da resistência múltipla aos antibióticos entre estirpes clínicas de Vibrio cholerae isoladas em 1992-7 em Calcutá, Índia. *Epidemiol. Infect.* 124, 393-399. doi: 10.1017/s0950268899003957

Garrido-Maestu, A., Lozano-Leon, A., Rodriguez-Souto, R.R., Vieites-Maneiro, R., Chapela, M.-J., e Cabado, A.G. (2016). Presença de espécies patogénicas *de Vibrio* em mexilhões frescos colhidos no sul das Rias da Galiza (NW Espanha). *Food Cont.*59, 759-765. doi: 10.1016/j.foodcont.2015.06.054

Gatesoupe, F.-J. (2002). Tratamentos probióticos e com formaldeído de *náuplios de Artemia* como alimento para larvas de juliana, *Pollachius pollachius. Aquaculture* 212, 347-360. doi: 10.1016/s0044-

8486(02)00138-2

Gatlin, D.M., Barrows, F.T., Brown, P., Dabrowski, K., Gaylord, T.G., Hardy, R.W., et al. (2007). Expandindo a utilização de produtos vegetais sustentáveis em rações aquáticas: uma revisão. *Aquaculture Research* 38, 551-579. doi: 10.1111/j.1365-2109.2007.01704.x

Geng, Y., Liu, D., Han, S., Zhou, Y., Wang, K., Huang, X., et al. (2014). Surtos de vibriose associados a *Vibrio mimicus* em bagres de água doce na China. *Aquaculture* 433, 82-84. doi: 10.1016/j.aquaculture.2014.05.053

Gil, J.A., Naharro, G., Villanueva, J.R., e Martin, J.F. (1985). Caracterização e regulação da sintase do ácido *p-aminobenzóico* de *Streptomyces griseus. J. Gen. Microbiol.* 131, 12791287. doi: 10.1099/00221287-131-6-1279

Glass, R.I., Huq, M.I., Lee, J.V., Threlfall, E.J., Khan, M.R., Alim, A.R., et al. (1983). Resistência múltipla aos medicamentos transmitida por plasmídeos em *Vibrio cholerae* serogrupo O1, biótipo El Tor: provas de um surto de origem pontual no Bangladesh. *J. Infect. Dis.* 147, 204-209. doi: 10.1093/infdis/147.2.204

Goncalves, A.A., e Gagnon, G.A. (2011). Aplicação de ozono em sistemas de aquacultura de recirculação: uma visão geral. *Ozono: Science & Engineering* 33, 345-367. doi: 10.1080/01919512.2011.604595

Gueimonde, M., Sanchez, B., C, G.D.L.R.-G., e Margolles, A. (2013). Resistência a antibióticos em bactérias probióticas. *Front. Microbiol.* 4, 202. doi: 10.3389/fmicb.2013.00202

Guimaraes, L.M., Furlan, R.L., Garrido, L.M., Ventura, A., Padilla, G., e Facciotti, M.C. (2004). Efeito do pH na produção do antibiótico antitumoral retamicina por Streptomyces olindensis. Biotechnol. Appl. Biochem. 40, 107-111. doi: 10.1042/BA20030166

Haan, L.D., e Hirst, T.R. (2004). Cholera toxin: a paradigm for multi-functional engagement of cellular mechanisms (Review). Mol. Membr. Biol. 21, 77-92. doi: 10.1080/09687680410001663267

Haendiges, J., Timme, R., Allard, M.W., Myers, R.A., Brown, E.W., e Gonzalez-Escalona, N. (2015). Caracterização de cepas clínicas de Vibrio parahaemolyticus de Maryland (20122013) e comparações com cepas de V. parahaemolyticus local e globalmente diversas por análise de sequência de genoma completo. Front. Microbiol. 6, 125. doi: 10.3389/fmicb.2015.00125

Hai, N. (2015). O uso de probióticos na aquicultura. J. Appl. Microbiol.119, 917-935. doi: 10.1111/jam.12886

Han, J.E., Mohney, L.L., Tang, K.F., Pantoja, C.R., e Lightner, D.V. (2015). Resistência à tetraciclina mediada por plasmídeo de Vibrio parahaemolyticus associada à doença da necrose hepatopancreática aguda (AHPND) em camarões. Aquaculture Reports 2, 17-21. doi: 10.1016/j.aqrep.2015.04.003

Han, Y., Yang, B., Zhang, F., Miao, X., e Li, Z. (2009). Caracterização da quitinase antifúngica de Streptomyces sp. DA11 marinha associada à esponja do Mar da China Meridional Craniella australiensis. Mar. Biotechnol. (NY) 11, 132-140. doi: 10.1007/s10126-008-9126-5

Hancock, R.E., e Sahl, H.-G. (2006). Peptídeos antimicrobianos e de defesa do hospedeiro como novas estratégias terapêuticas anti-infecciosas. Nat. Biotechnol. 24, 1551-1557. doi: 10.1038/nbt1267

Hayashi, M., Unemoto, T., Minami-Kakinuma, S., Tanaka, H., e Omura, S. (1982). O modo de ação das nanaomicinas D e A numa bactéria marinha gram-negativa Vibrio alginolyticus. J. Antibiot. (Tóquio) 35, 1078-1085. doi: 10.7164/antibiotics.35.1078

Hieu, N.X., Thuan, L.T.N., Matsumoto, M., e Miyajima, I. (2011). Identificação e caraterização de Actinomicetos antagónicos a Vibrio spp. patogénicos isolados de sedimentos de tanques de cultura de camarão em Thua Thien Hue-Viet Nam. J. Fac. Agr. Kyushu U. 56, 15-22. URL: http://catalog.lib.kyushu-u.ac.jp/handle/2324/19532/p015.pdf

Himabindu, M., Potumarthi, R., e Jetty, A. (2007). Aumento da produção de gentamicina por mutagénese e condições de stress não-nutricional em Micromonospora echinospora. Process Biochem. 42, 1352-1356. doi: 10.1016/j.procbio.2007.05.002

Hixson, S.M. (2014). Nutrição dos peixes e questões actuais em aquacultura: o equilíbrio no fornecimento de marisco seguro e nutritivo, de uma forma ambientalmente sustentável. J. Aquac. Res. Desenvolvimento 5, 2. doi: 10.4172/2155-9546.1000234

Holker, U., Hofer, M., e Lenz, J. (2004). Vantagens biotecnológicas da fermentação em estado sólido à escala laboratorial com fungos. Appl. Microbiol. Biotechnol. 64, 175-186. doi: 10.1007/s00253-003-1504-3

Hollants, J., Leliaert, F., De Clerck, O., e Willems, A. (2013). O que podemos aprender com o sushi: uma revisão sobre associações de bactérias de algas marinhas. *FEMS Microbiol. Ecol.* 83, 1-16. doi: 10.1111/j.1574-6941.2012.01446.x

Holmes, T.C., May, A.E., Zaleta-Rivera, K., Ruby, J.G., Skewes-Cox, P., Fischbach, M.A., et al. (2012). Insights moleculares sobre a biossíntese da guadinomina: um inibidor do sistema de secreção do tipo III. *J. Am. Chem. Soc.*134, 17797-17806. doi: 10.1021/ja308622d

Holmstrom, K., Graslund, S., Wahlstrom, A., Poungshompoo, S., Bengtsson, B.E., e Kautsky, N. (2003). Antibiotic use in shrimp farming and implications for environmental impacts and human health. *Int. J. Food Sci. Nutr.* 38, 255-266. doi: 10.1046/j.1365-2621.2003.00671.x

Hong, K., Gao, A.-H., Xie, Q.-Y., Gao, H.G., Zhuang, L., Lin, H.-P., et al. (2009). *Actinomicetos* para a descoberta de medicamentos marinhos isolados de solos e plantas de mangue na China. *Mar. Drugs* 7, 24-44. doi: 10.3390/md7010024

Horseman, M.A., e Surani, S. (2011). Uma revisão abrangente do *Vibrio vulnificus*: uma causa importante de sépsis grave e de infeção da pele e dos tecidos moles. *Int. J. Infect. Dis.* 15, e157-166. doi: 10.1016/j.ijid.2010.11.003

Hou, C.C., Lai, C.C., Liu, W.L., Chao, C.M., Chiu, Y.H., e Hsueh, P.R. (2011). Manifestação clínica e factores de prognóstico de infecções por Vibrio non-cholerae. Eur. J. Clin. Microbiol. Infect. Dis. 30, 819-824. doi: 10.1007/s10096-011-1162-9

Howgate, P. (2004). Tainting of farmed fish by geosmin and 2-methyl-iso-borneol: a review of sensory aspects and of uptake/depuration. Aquaculture 234, 155-181. doi: 10.1016/j.aquaculture.2003.09.032

Hwang, K.S., Kim, H.U., Charusanti, P., Palsson, B.O., e Lee, S.Y. (2014). Biologia de sistemas e biotecnologia de espécies de Streptomyces para a produção de metabólitos secundários. Biotechnol. Adv. 32, 255-268. doi: 10.1016/j.biotechadv.2013.10.008

Ikeda, H., Ishikawa, J., Hanamoto, A., Shinose, M., Kikuchi, H., Shiba, T., et al. (2003). Sequência completa do genoma e análise comparativa do microrganismo industrial Streptomyces avermitilis. Nat. Biotechnol. 21, 526-531. doi: 10.1038/nbt820

Ikeda, H., Kotaki, H., Tanaka, H., e Omura, S. (1988). Envolvimento do catabolismo da glucose na produção de avermectina por Streptomyces avermitilis. Antimicrob. Agents Chemother. 32, 282284. doi: 10.1128/aac.32.2.282

Iwatsuki, M., Uchida, R., Yoshijima, H., Ui, H., Shiomi, K., Kim, Y.-P., et al. (2008). Guadinomines, inibidores do sistema de secreção do tipo III, produzidos por Streptomyces sp. K01-0509. J. Antibiot. 61, 230-236. doi: 10.1038/ja.2008.33

Jayasudha, J., Kumar, G., Karthik, L., e Bhaskara Rao, K. (2011). Controlo biológico da vibriose por actinobactérias antagonistas - um estudo in vitro. International Journal of Agricultural Technology 7, 271-280. doi: http://www.ijat- aatsea.com/pdf/April_v7_n2_11/6%20IJAT2010_33FT.pdf

Joana Gil-Chavez, G., Villa, J.A., Fernando Ayala-Zavala, J., Basilio Heredia, J., Sepulveda, D., Yahia, E.M., et al. (2013). Tecnologias para a extração e produção de compostos bioactivos para serem utilizados como nutracêuticos e ingredientes alimentares: uma visão geral. Compr. Rev. Food Sci. F. 12, 5-23. doi: 10.1111/1541-4337.12005

Johnson, C.N. (2013). Fatores de aptidão em vibrios: uma mini-revisão. Microb. Ecol. 65, 826-851. doi: 10.1007/s00248-012-0168-x

Jones, M.K., e Oliver, J.D. (2009). Vibrio vulnificus: doença e patogénese. Infect. Immun. 77, 1723-1733. doi: 10.1128/iai.01046-08

Jonsbu, E., Mcintyre, M., e Nielsen, J. (2002). The influence of carbon sources and morphology on nystatin production by Streptomyces noursei (A influência das fontes de carbono e da morfologia na produção de nistatina por Streptomyces noursei). J. Biotechnol. 95, 133-144. doi: 10.1016/s0168-1656(02)00003-2

Jun, J.W., Kim, J.H., Choresca Jr, C.H., Shin, S.P., Han, J.E., Han, S.Y., et al. (2012). Isolamento, caraterização molecular e suscetibilidade a antibióticos de Vibrio parahaemolyticus em marisco coreano. Foodborne Pathog. Dis. 9, 224-231. doi: 10.1089/fpd.2011.1018

Kadiri, S., Sastry Yarla, N., e Vidavalur, S. (2013). Isolamento e identificação de um novo alcaloide aporfina ssv, um antibiótico antitumoral do caldo fermentado de Streptomyces sp. KS1908 associado ao mar. Jornal de Ciências Marinhas: Investigação e Desenvolvimento 3. doi: 10.4172/2155-9910.1000137

Kaltenpoth, M., Yildirim, E., Gurbuz, M.F., Herzner, G., e Strohm, E. (2012). Refinando as raízes da simbiose beewolf-Streptomyces: simbiontes antenais no raro gênero Philanthinus (Hymenoptera, Crabronidae). Appl. Environ. Microbiol. 78, 822-827. doi: 10.1128/AEM.06809-11

Kamihira, M., Taniguchi, M., e Kobayashi, T. (1987). Remoção de solvente orgânico de antibióticos com dióxido de carbono supercrítico. J. Ferment. Technol. 65, 71-75. doi: 10.1016/0385-6380(87)90067-7

Karunasagar, I., Pai, R., Malathi, G., e Karunasagar, I. (1994). Mass mortality of Penaeus monodon larvae due to antibiotic-resistant Vibrio harveyi infection (Mortalidade em massa de larvas de Penaeus monodon devido a infeção por Vibrio harveyi resistente a antibióticos). Aquaculture 128, 203209. doi: 10.1016/0044-8486(94)90309-3

Kekuda, P., Dileep, N., Junaid, S., Rakesh, K., Mesta, S., e Onkarappa, R. (2013). Actividades biológicas de Espécies de Streptomyces SRDP-07 isoladas do solo de Thirthahalli, Karnataka, Índia. Int. J. Drug Dev. Res. 5, 268-285. URL: https://www.researchgate.net/publication/259363681_Biological_activities_of_Streptomyce s_species_SRDP-07_isolated_from_soil_of_Thirthahalli_Karnataka_India

Khan, W.A., Saha, D., Ahmed, S., Salam, M.A., e Bennish, M.L. (2015). Eficácia da ciprofloxacina para o tratamento da cólera associada à diminuição da suscetibilidade à ciprofloxacina ao Vibrio cholerae O1. PLoS One 10, e0134921. doi: 10.1371/journal.pone.0134921

Kitaoka, M., Miyata, S.T., Unterweger, D., e Pukatzki, S. (2011). Mecanismos de resistência aos antibióticos de Vibrio cholerae. J. Med. Microbiol. 60, 397-407. doi: 10.1099/jmm.0.023051-0

Kobayashi, J., e Ishibashi, M. (1993). Metabolitos bioactivos de microrganismos marinhos simbióticos. Chem. Rev. 93, 1753-1769. doi: 10.1021/cr00021a005

Kominek, L. (1972). Biossíntese de novobiocina por Streptomyces niveus. Antimicrob. Agents Chemother. 1, 123-134. doi: 10.1128/aac.1.2.123

Kontro, M., Lignell, U., Hirvonen, M.R., e Nevalainen, A. (2005). Os efeitos do pH no crescimento e esporulação de Streptomyces spp. dependem dos nutrientes. Lett. Appl. Microbiol. 41, 32-38. doi: 10.1111/j.1472-765X.2005.01727.x

Kota, K.P., e Sridhar, P. (1999). Cultivo em estado sólido de Streptomyces clavuligerus para a produção de cefamicina C. Process Biochem. 34, 325-328. doi: 10.1016/s0032- 9592(98)00078-8

Kuamr, R., Shrivastav, A.K., Singha, A.K., Kumar, P., e Nirmala, A. (2012). Produção de antibióticos a partir de Streptomyces sp. marinhos Int. J. Pharm. Bio. Sci. 3, 331-342. URL: http://www.ijpbs.net/vol-3/issue-4/Pharma/39.pdf

Kudo, F., e Eguchi, T. (2009). Genes biossintéticos para antibióticos aminoglicosídeos. J. Antibiot. (Tóquio) 62, 471-481. doi: 10.1038/ja.2009.76

Kumar, P., Mishra, D.K., Deshmukh, D.G., Jain, M., Zade, A.M., Ingole, K.V., et al. (2014). Estirpes de Vibrio cholerae O1 Ogawa El Tor com o alelo ctxB7 que provocam surtos de cólera no sudoeste da Índia em 2012. Infect. Genet. Evol. 25, 93-96. doi: 10.1016/j.meegid.2014.03.020

Lalloo, R., Moonsamy, G., Ramchuran, S., Gorgens, J., e Gardiner, N. (2010). Exclusão competitiva como modo de ação de um novo agente biológico de aquacultura Bacillus cereus. Lett. Appl. Microbiol. 50, 563-570. doi: 10.1111/j.1472-765x.2010.02829.x

Lalumera, G.M., Calamari, D., Galli, P., Castiglioni, S., Crosa, G., e Fanelli, R. (2004). Investigação preliminar sobre a ocorrência e os efeitos ambientais dos antibióticos utilizados em aquacultura em Itália. Chemosphere 54, 661-668. doi: 10.1016/j.chemosphere.2003.08.001

Latha, S., Vinothini, G., John Dickson Calvin, D., e Dhanasekaran, D. (2015). Seleção in vitro baseada no perfil probiótico de probiótico actinobacteriano indígena Streptomyces sp. JD9 para uma melhor produção de frangos de corte. J. Biosci. Bioeng. doi: 10.1016/j.jbiosc.2015.04.019

Laursen, J.B., e Nielsen, J. (2004). Produtos naturais de fenazina: biossíntese, análogos sintéticos e atividade biológica. Chem. Rev. 104, 1663-1686. doi: 10.1021/cr020473j

Lavilla-Pitogo, C.R., Baticados, M.C.L., Cruz-Lacierda, E.R., e Leobert, D. (1990). Ocorrência de doença bacteriana luminosa em larvas de Penaeus monodon nas Filipinas. Aquaculture 91, 1-13. doi: 10.1016/0044-8486(90)90173-k

Leano, E.M., e Mohan, C. (2012). A síndrome da mortalidade precoce ameaça as fazendas de camarão da Ásia. Global Aquaculture Advocate 15, 38-39. URL: http://www.gaalliance.org/mag/2012/Jul-Aug/download.pdf

Lee, L.-H., Zainal, N., Azman, A.-S., Eng, S.-K., Ab Mutalib, N.-S., Yin, W.-F., et al. (2014a). Streptomyces pluripotens sp. nov., um estreptomiceto produtor de bacteriocina que inibe Staphylococcus aureus resistente à meticilina. Int. J. Syst. Evol. Micr. 64, 3297-3306. doi: 10.1099/ijs.0.065045-0

Lee, L.-H., Zainal, N., Azman, A.-S., Eng, S.-K., Goh, B.-H., Yin, W.-F., et al. (2014b). Diversidade e atividades antimicrobianas de actinobactérias isoladas de sedimentos de manguezais tropicais na Malásia. Sci. World J. 2014. doi: 10.1155/2014/698178

Letchumanan, V., Chan, K.G., e Lee, L.H. (2014). Vibrio parahaemolyticus: uma revisão sobre a patogénese, prevalência e técnicas avançadas de identificação molecular. Front. Microbiol. 5, 705. doi: 10.3389/fmicb.2014.00705

Letchumanan, V., Chan, K.G., e Lee, L.H. (2015a). Uma visão da cura tradicional de plasmídeos em espécies de Vibrio. Front. Microbiol. 6, 735. doi: 10.3389/fmicb.2015.00735

Letchumanan, V., Pusparajah, P., Tan, L.T., Yin, W.F., Lee, L.H., e Chan, K.G. (2015b). Ocorrência e resistência a antibióticos de Vibrio parahaemolyticus de mariscos em Selangor, Malásia. Front. Microbiol. 6, 1417. doi: 10.3389/fmicb.2015.01417

Letchumanan, V., Yin, W.F., Lee, L.H., e Chan, K.G. (2015c). Prevalência e suscetibilidade antimicrobiana de Vibrio parahaemolyticus isolado de camarões de retalho na Malásia. Front. Microbiol. 6, 33. doi: 10.3389/fmicb.2015.00033

Li, J., Dong, J.-D., Yang, J., Luo, X.-M., e Zhang, S. (2014). Deteção de genes biossintéticos de policetídeo sintase e peptídeo não ribossômico sintetase de actinomicetos antimicrobianos associados a corais. Antonie van Leeuwenhoek 106, 623-635. doi: 10.1007/s10482-014-0233-1

Lightner, D., Redman, R., Pantoja, C., Noble, B., e Tran, L. (2012). A síndrome da mortalidade precoce afecta o camarão na Ásia. Glob. Aquacult, 40. URL: http://pdf.gaalliance.org/pdf/GAA- Lightner-Jan12.pdf

Liras, P., Asturias, J.A., e Martin, J.F. (1990). Sequências de controlo de fosfato envolvidas na regulação transcricional da biossíntese de antibióticos. Trends Biotechnol. 8, 184-189. doi: 10.1016/0167-7799(90)90170-3

Liu, G., Chater, K.F., Chandra, G., Niu, G., e Tan, H. (2013). Regulação molecular da biossíntese de antibióticos em Streptomyces. Microbiol. Mol. Biol. Rev. 77, 112-143. doi: 10.1128/mmbr.00054-12

Long, L., Tian, X., Li, J., Luo, X., Qi, Z., e Yin, T. (2012). "Streptomyces marinho, composto de piranosesquiterpeno, bem como método de preparação e suas aplicações". Google Patents.

Lupp, C., e Ruby, E.G. (2005). Vibrio fischeri utiliza dois sistemas quorum-sensing para a regulação de factores de colonização precoce e tardia. J. Bacteriol. 187, 3620-3629. doi: 10.1128/jb.187.11.3620-3629.2005

Ma, C., Deng, X., Ke, C., He, D., Liang, Z., Li, W., et al. (2014). Epidemiologia e caraterísticas etiológicas de surtos de origem alimentar causados por Vibrio parahaemolyticus durante 20082010 na província de Guangdong, China. Foodborne Pathog. Dis. 11, 21-29. doi: 10.1089/fpd.2013.1522

Machado, I., Teixeira, J.A., e Rodriguez-Couto, S. (2013). Fermentação em estado semi-sólido: Uma alternativa promissora para a produção de neomicina pelo actinomiceto Streptomyces fradiae. J. Biotechnol. 165, 195-200. doi: 10.1016/j.jbiotec.2013.03.015

Maharjan, R.P., e Ferenci, T. (2003). Global metabolite analysis: the influence of extraction methodology on metabolome profiles of Escherichia coli. Anal. Biochem. 313, 145-154. doi: 10.1016/s0003-2697(02)00536-5

Manivasagan, P., Venkatesan, J., Sivakumar, K., e Kim, S.K. (2013). Metabolitos de actinobactérias marinhas: estado atual e perspectivas futuras. Microbiol. Res. 168, 311-332. doi:

10.1016/j.micres.2013.02.002

Manju, K., e Dhevendaran, K. (1997). Effect of bacteria and actinomycetes as single cell protein feed on growth of juveniles of Macrobrachium idella (Hilgendorf). Indian J. Exp. Biol. 35, 53-55.

Manteca, A., Alvarez, R., Salazar, N., Yague, P., e Sanchez, J. (2008). Diferenciação de micélio e produção de antibióticos em culturas submersas de Streptomyces coelicolor. Appl. Environ. Microbiol. 74, 3877-3886. doi: 10.1128/AEM.02715-07

Martinez Cruz, P., Ibanez, A.L., Monroy Hermosillo, O.A., e Ramirez Saad, H.C. (2012). Utilização de probióticos em aquacultura. ISRN Microbiol. 2012, 1-13. doi: 10.5402/2012/916845

Mcbride, M.J., e Ensign, J.C. (1987). Efeitos do teor de trealose intracelular nos esporos de Streptomyces griseus. J. Bacteriol. 169, 4995-5001. doi:

Mcdowall, K.J., Thamchaipenet, A., e Hunter, I.S. (1999). O controlo por fosfato da produção de oxitetraciclina por Streptomyces rimosus é feito ao nível da transcrição a partir de promotores sobrepostos por repetições em tandem semelhantes às dos sítios de ligação ao ADN da família OmpR. J. Bacteriol. 181, 3025-3032. URL: http://jb.asm.org/content/181/10/3025.full.pdf+html

Meena, B., Rajan, L.A., Vinithkumar, N.V., e Kirubagaran, R. (2013). Novas actinobactérias marinhas das Ilhas Andaman e Nicobar esmeralda: uma fonte prospetiva de subprodutos industriais e farmacêuticos. BMC Microbiol. 13, 145. doi: 10.1186/1471-2180-13-145

Meibom, K.L., Blokesch, M., Dolganov, N.A., Wu, C.Y., e Schoolnik, G.K. (2005). Chitin induces natural competence in Vibrio cholerae. Science 310, 1824-1827. doi: 10.1126/science.1120096

Mendes, M.V., Tunca, S., Anton, N., Recio, E., Sola-Landa, A., Aparicio, J.F., et al. (2007). O sistema de dois componentes phoR-phoP de Streptomyces natalensis: A inativação ou deleção de phoP reduz a regulação negativa de fosfato da biossíntese de pimaricina. Metab. Eng. 9, 217-227. doi: 10.1016/j.ymben.2006.10.003

Meunpol, O., Lopinyosiri, K., e Menasveta, P. (2003). Os efeitos do ozono e dos probióticos na sobrevivência do camarão-tigre preto (Penaeus monodon). Aquaculture 220, 437-448. doi: 10.1016/s0044-8486(02)00586-0

Mey, A.R., Craig, S.A., e Payne, S.M. (2005). Caracterização do Vibrio cholerae RyhB: o regulador RyhB e o papel do ryhB na formação de biofilme. Infect. Immun. 73, 5706-5719. doi: 10.1128/iai.73.9.5706-5719.2005

Miller, M.B., Skorupski, K., Lenz, D.H., Taylor, R.K., e Bassler, B.L. (2002). Sistemas paralelos de deteção de quorum convergem para regular a virulência em Vibrio cholerae. Cell 110, 303-314. doi: 10.1016/s0092-8674(02)00829-2

Mitra, A., Pramanik, A., Santra, S.C., Sen, P.K., e Mukherjee, J. (2011). Filogenia, caraterísticas fenotípicas e nutricionais de actinomicetos do solo estuarino com atividade antimicrobiana de largo espetro derivada de um programa de bioprospecção ecologicamente orientado. World J. Microb. Biot. 27, 1679-1688. doi: 10.1007/s11274-010-0622-1

Mitra, A., Santra, S.C., e Mukherjee, J. (2008). Distribuição de actinomicetos, seu comportamento antagónico e as caraterísticas físico-químicas da maior floresta de mangue de maré do mundo. *Appl. Microbiol. Biot.* 80, 685-695. doi: 10.1007/s00253-008-1626-8

Miwanda, B., Moore, S., Muyembe, J.J., Nguefack-Tsague, G., Kabangwa, I.K., Ndjakani, D.Y., et al. (2015). Resistência a medicamentos antimicrobianos de *Vibrio cholerae*, República Democrática do Congo. *Emerg. Infect. Dis.* 21, 847-851. doi: 10.3201/eid2105.141233

Mohana, S., e Radhakrishnan, M. (2014). *Streptomyces* sp MA7 isolado do sedimento da rizosfera do mangue eficaz contra patógenos bacterianos Gram negativos. *Int. J. Pharm. Tech. Res.* 6, 1259-1264. URL: http://sphinxsai.com/2014/phvol6pt4/2/(1259-1264)S- 2014.pdf

Mohanraj, G., e Sekar, T. (2013). Atividade antagonista de *Streptomyces* sp LCJ94 marinho contra os patógenos do camarão. *Anais da Pesquisa Biológica* 4, 224-227. URL: http://scholarsresearchlibrary.com/ABR-vol4-iss4/ABR-2013-4-4-224-227.pdf

Mohanta, Y.K., e Behera, S.K. (2014). Biossíntese, caraterização e atividade antimicrobiana de nanopartículas de prata por *Streptomyces* sp. SS2. *Bioprocess Biosyst. Eng.* 37, 2263-2269. doi: 10.1007/s00449-014-1205-6

Morelli, L., e Campominosi, E. (2002). Estabilidade genética de *Lactobacillus paracasei* subsp. *paracasei*

F19. *Microb. Ecol. Health Dis.* 14, 14-16. doi: 10.3402/mehd.v14i1.8206

Muller, P.J., Christner, A., e Ozegowski, J.H. (1983). Processos sequenciais de limitação de fosfato e de libertação de fosfato em fermentações de estreptomicina. *Z. Allg. Mikrobiol.* 23, 269-273. doi: 10.1002/jobm.3630230408

Nair, A.G., Selvakumar, D., e Dhevendaran, K. (2011). Ocorrência de *Streptomyces* associados a esponjas e sua atividade antimicrobiana. *World J. Fish Mar. Sci.* 3, 151-158. URL: http://www.idosi.org/wjfms/wjfms3(2)11/12.pdf

Newaj-Fyzul, A., Al-Harbi, A., e Austin, B. (2014). Revisão: desenvolvimentos no uso de probióticos para o controle de doenças na aquicultura. Aquaculture 431, 1-11. doi: 10.1016/j.aquaculture.2013.08.026

Newton, A.E., Garrett, N., Stroika, S.G., Halpin, J.L., Turnsek, M., e Mody, R.K. (2014). Notas do campo: aumento das infecções por Vibrio parahaemolyticus associadas ao consumo de marisco da costa atlântica-2013. MMWR Morb. Mortal. Wkly. Rep 63, 335-336. URL: http://www.cdc.gov/mmwr/preview/mmwrhtml/mm6315a6.htm

Nithya, C., e Pandian, S.K. (2010). Isolamento de bactérias heterotróficas de sedimentos da Baía de Palk, mostrando tolerância a metais pesados e produção de antibióticos. Microbiol. Res. 578-593. doi: 10.1016/j.micres.2009.10.004

Nithyanand, P., Manju, S., e Karutha Pandian, S. (2011). Caracterização filogenética de actinomicetos cultiváveis associados ao muco do coral Acropora digitifera do Golfo de Mannar. FEMS Microbiol. Lett. 314, 112-118. doi: 10.1111/j.1574- 6968.2010.02149.x

Ouwehand, A.C., Salminen, S., e Isolauri, E. (2002). "Probiotics: an overview of beneficial effects," in Lactic Acid Bacteria: Genetics, Metabolism and Applications, eds. R.J. Siezen, J. Kok, T. Abee & G. Schasfsma. Springer Netherlands), 279-289. doi: 10.1007/978-94-017- 2029-8_18

Pandey, A. (2003). Fermentação em estado sólido. Biochem. Eng. J. 13, 81-84. doi: 10.1016/s1369-703x(02)00121-3

Parker, R. (1974). Probiotics, the other half of the antibiotic story. Anim. Nutr. Saúde 29, 8.

Pathom-Aree, W., Stach, J.E., Ward, A.C., Horikoshi, K., Bull, A.T., e Goodfellow, M. (2006). Diversidade de actinomicetos isolados do sedimento Challenger Deep (10.898 m) da Fossa das Marianas. Extremophiles 10, 181-189. doi: 10.1007/s00792-005-0482-z

Petroni, A., Corso, A., Melano, R., Cacace, M.L., Bru, A.M., Rossi, A., et al. (2002). Beta-lactamases plasmídicas de espetro alargado em isolados de Vibrio cholerae O1 El Tor na Argentina. Antimicrob. Agents Chemother. 46, 1462-1468. doi: 10.1128/aac.46.5.1462-1468.2002

Pimentel-Elardo, S.M., Kozytska, S., Bugni, T.S., Ireland, C.M., Moll, H., e Hentschel, U. (2010). Compostos antiparasitários de estirpes de Streptomyces sp. isoladas de esponjas do Mediterrâneo. Mar. Drugs 8, 373-380. doi: 10.3390/md8020373

Pruzzo, C., Gallo, G., e Canesi, L. (2005). Persistência de vibriões em bivalves marinhos: o papel das interações com componentes da hemolinfa. Environ. Microbiol. 7, 761-772. doi: 10.1111/j.1462-2920.2005.00792.x

Pugazhvendan, S.R., Kumaran, S., Alagappan, K.M., e Guru Prasad, S. (2010). Inibição de agentes patogénicos bacterianos de peixes por actinomicetos marinhos antagonistas. Eur. J. Appl. Sci. 2, 41-43. URL: http://www.idosi.org/ejas/2(2)10/1.pdf

Rahman, M.A., Islam, M.Z., Khondkar, P., e Islam, M. (2010). Caracterização e actividades antimicrobianas de um antibiótico polipeptídico isolado de uma nova estirpe de Streptomyces parvulus. Bangladesh Pharm. J. 13, 14-16. URL: http://www.bps- bd.org/journal/volume13/article3.pdf

Rateb, M.E., Houssen, W.E., Harrison, W.T., Deng, H., Okoro, C.K., Asenjo, J.A., et al. (2011). Diversos perfis metabólicos de uma estirpe de Streptomyces isolada de um ambiente hiper-árido. J. Nat. Prod. 74, 1965-1971. doi: 10.1021/np200470u

Rathnakala, R., e Chandrika, V. (1999). Inibição do crescimento de patógenos de peixes por actinomicetos antagonistas isolados do ambiente de mangue. In: The Fourth Indian Fisheries Forum Proceedings, 24-28 de novembro de 1996.

Reddy, N., Ramakrishna, D., e Raja Gopal, S. (2011). Um estudo morfológico, fisiológico e bioquímico de Streptomyces rochei marinho (MTCC 10109) mostrando atividade antagonista contra microorganismos patogénicos humanos selectivos. Asian J. Biol. Sci. 4, 1-14. doi:

10.3923/ajbs.2011.1.14

Reid, K.A., Hamilton, J.T., Bowden, R.D., O'hagan, D., Dasaradhi, L., Amin, M.R., et al. (1995). Biossíntese de metabolitos secundários fluorados por Streptomyces cattleya. Microbiology 141 (Pt 6), 1385-1393. doi: 10.1099/13500872-141-6-1385

Rohr, J., e Thiericke, R. (1992). Antibióticos do grupo das anguciclinas. Nat. Prod. Rep. 9, 103-137. doi: 10.1039/np9920900103

Roque, A., Molina-Aja, A., Bolan-Mejia, C., e Gomez-Gil, B. (2001). Suscetibilidade in vitro a 15 antibióticos de Vibrios isolados de camarões peneídeos no noroeste do México. Int. J. Antimicrob. Agents 17, 383-387. doi: 10.1016/s0924-8579(01)00308-9

Rosander, A., Connolly, E., e Roos, S. (2008). Remoção de plasmídeos portadores de genes de resistência a antibióticos de Lactobacillus reuteri ATCC 55730 e caraterização da estirpe filha resultante, L. reuteri DSM 17938. Appl. Environ. Microbiol. 74, 6032-6040. doi: 10.1128/AEM.00991-08

Roychowdhury, A., Pan, A., Dutta, D., Mukhopadhyay, A.K., Ramamurthy, T., Nandy, R.K., et al. (2008). Emergência de Vibrio cholerae O1 serotipo Inaba, resistente à tetraciclina, em Calcutá, Índia. Jpn. Jpn. Infect. Dis. 61, 128-129. URL: http://www0.nih.go.jp/JJID/61/128.pdf

Sahoo, K., e Dhal, N. (2009). Diversidade microbiana potencial em ecossistemas de mangue: uma revisão. Indian J. Mar. Sci. 38, 249-256. URL: http://14.139.47.15/bitstream/123456789/4675/1/IJMS%2038%282%29%20249-256.pdf

Sahu, M.K., Murugan, M., Sivakumar, K., Thangaradjou, T., e Kannan, L. (2007). Ocorrência e distribuição de actinomicetos em ambientes marinhos e a sua atividade antagonista contra bactérias patogénicas para os camarões. Isr. J. Aquacult-Bamid 59, 155-161. URL: http://cmsadmin.atp.co.il/Content_siamb/editor/59_3_Sahu.pdf

Salamoura, C., Kontogianni, A., Katsipi, D., Kandylis, P., e Varzakas, T. (2014). Leites fermentados probióticos feitos de leite de vaca, leite de cabra e sua mistura. *Abstr/J. Biotechnol. 185S* 37, S125. doi: 10.1016/j.jbiotec.2014.07.262

Sanchez, S., Chavez, A., Forero, A., Garda-Huante, Y., Romero, A., Sanchez, M., et al. (2010). Regulação da fonte de carbono na produção de antibióticos. *J. Antibiot. (Tóquio)* 63, 442-459. doi: 10.1038/ja.2010.78

Sanchez, S., e Demain, A.L. (2002). Regulação metabólica dos processos de fermentação. *Enzyme Microb. Tech.* 31, 895-906. doi: 10.1016/s0141-0229(02)00172-2

Santoyo, S., Cavero, S., Jaime, L., Ibanez, E., Senorans, F., e Reglero, G. (2005). Composição química e atividade antimicrobiana do óleo essencial *de Rosmarinus officinalis* L. obtido por extração com fluido supercrítico. *J. Food Prot.* 68, 790-795. URL: http://www.ingentaconnect.com/content/iafp/jfp/2005/00000068/00000004/art00020

Saykhedkar, S.S., e Singhal, R.S. (2004). Extração supercrítica de dióxido de carbono de griseofulvina da matriz sólida obtida após fermentação em estado sólido. *Biotechnol. Prog.* 20, 818-824. doi: 10.1021/bp0343559

Schatz, A., Bugle, E., e Waksman, S.A. (1944). Streptomycin, uma substância que exibe atividade antibiótica contra bactérias Gram-positivas e Gram-negativas.*f. *Exp. Biol. Med.* 55, 66-69. doi: 10.3181/00379727-55-14461

Schauder, S., e Bassler, B.L. (2001). As linguagens das bactérias. *Genes Dev.* 15, 1468-1480. doi: 10.1101/gad.899601

Schmidt, E., Obraztsova, A., Davidson, S., Faulkner, D., e Haygood, M. (2000). Identificação do simbionte contendo péptidos antifúngicos da esponja marinha *Theonella swinhoei* como uma nova δ-proteobactéria, "Candidatus *Entotheonella palauensis"*. *Mar. Biol.* 136, 969-977. doi: 10.1007/s002270000273

Schrey, S.D., e Tarkka, M.T. (2008). Amigos e inimigos: estreptomicetos como moduladores de doenças e simbiose de plantas. *Antonie Van Leeuwenhoek* 94, 11-19. doi: 10.1007/s10482-008- 9241-3

Schugerl, K. (2005). "Extração de metabolitos primários e secundários", em *Technology Transfer in Biotechnology*. Springer, 1-48.

Selvakumar, D., Arun, K., Suguna, S., Kumar, D., e Dhevendaran, K. (2010). Potencial bioativo de Streptomyces contra agentes patogénicos de peixes e mariscos. Irão J. Microbiol. 2, 157-164. URL:

http://www.ncbi.nlm.nih.gov/pmc/articles/PMC3279779/

Selvakumar, D., Jyothi, P., e Dhevendaran, K. (2013). Aplicação de Streptomyces como uma proteína de célula única para o peixe juvenil Xiphophorus maculatus. Jornal Mundial de Peixes e Ciências Marinhas 5, 582-586. doi: 10.5829/idosi.wjfms.2013.05.06.74154

Selvin, J., Joseph, S., Asha, K., Manjusha, W., Sangeetha, V., Jayaseema, D., et al. (2004). Potencial antibacteriano de Streptomyces sp. antagonista isolado da esponja marinha Dendrilla nigra. FEMS Microbiol. Ecol. 50, 117-122. doi: 10.1016/j.femsec.2004.06.007

Senderovich, Y., Izhaki, I., e Halpern, M. (2010). Peixes como reservatórios e vectores de Vibrio cholerae. PLoS One 5, e8607-e8607. doi: 10.1371/journal.pone.0008607

Sengupta, S., Pramanik, A., Ghosh, A., e Bhattacharyya, M. (2015). Atividades antimicrobianas de actinomicetos isolados de regiões inexploradas do ecossistema de mangue de Sundarbans. BMC Microbiol. 15, 170. doi: 10.1186/s12866-015-0495-4

Ser, H.-L., Palanisamy, U.D., Yin, W.-F., Malek, A., Nurestri, S., Chan, K.-G., et al. (2015a). Presença de agente antioxidante, Pyrrolo [1, 2-a] pirazina-1, 4-diona, hexahidro-em Streptomyces mangrovisoli sp. nov. Front. Microbiol. 6, 854. doi: 10.3389/fmicb.2015.00854

Ser, H.-L., Tan, W.-S., Ab Mutalib, N.-S., Cheng, H.-J., Yin, W.-F., Chan, K.-G., et al. (2015b). Sequência do genoma de Streptomyces pluripotens MUSC 135T exibindo atividade antibacteriana e antioxidante. Mar. Genomics. doi: 10.1016/j.margen.2015.09.010

Ser, H.L., Ab Mutalib, N.S., Yin, W.F., Chan, K.G., e Goh, B.H. (2015c). Avaliação das atividades antioxidantes e citotóxicas de Streptomyces pluripotens MUSC 137 isoladas de solo de mangue em Malásia. Front. In Microbiol. doi: 10.3389/fmicb.2015.01398.

Ser, H.L., Zainal, N., Palanisamy, U.D., Goh, B.H., Yin, W.F., Chan, K.G., et al. (2015d). Streptomyces gilvigriseus sp. nov., uma nova actinobactéria isolada do solo da floresta de mangue. Antonie Van Leeuwenhoek 107, 1369-1378. doi: 10.1007/s10482-015-0431-5

Sevcikova, B., e Kormanec, J. (2004). Produção diferencial de dois antibióticos de Streptomyces coelicolor A3 (2), actinorhodin e undecylprodigiosin, em condições de stress salino. Arch. Microbiol. 181, 384-389. doi: 10.1007/s00203-004-0669-1

Sharma, P., Tomar, S.K., Sangwan, V., Goswami, P., e Singh, R. (2015). Resistência antibiótica de Lactobacillus sp. isolado de preparações probióticas comerciais. J. Food Safety 2015. doi: 10.1111/jfs.12211

Sheeja, M., Selvakumar, D., e Dhevendaran, K. (2011). Potencial antagonista de Streptomyces associado ao intestino de peixes ornamentais marinhos. Jornal do Médio Oriente de Investigação Científica 7, 327-334. URL: http://idosi.org/mejsr/mejsr7(3)11/13.pdf

Shruti, C. (2012). Doenças relacionadas com Vibrio em aquacultura e desenvolvimento de métodos de identificação rápidos e exactos. Jornal de Ciências Marinhas: Investigação e Desenvolvimento. doi: 10.4172/2155-9910.s1-002

Sivaperumal, P., Kamala, K., e Rajaram, R. (2015). Melanina DOPA bioativa isolada e caracterizada a partir de uma actinobactéria marinha Streptomyces sp. MVCS6 da costa de Versova. Nat. Prod. Res. 29, 2117-2121. doi: 10.1080/14786419.2014.988712

Sivaperumal, P., Kamala, K., Rajaram, R., e Mishra, S.S. (2014). Melanina de Streptomyces sp. marinho (MVCS13) com efeito potencial contra patógenos de peixes ornamentais de Carassius auratus (Linnaeus, 1758). Biocatal. Agric. Biotechnol. 3, 134-141. doi: 10.1016/j.bcab.2014.09.007

Sivasankar, P., Sugesh, S., Vijayanand, P., Sivakumar, K., Vijayalakshmi, S., Balasubramanian, T., et al. (2013). Produção eficiente de L-asparaginase por Streptomyces sp. marinho isolado da Baía de Bengala, Índia. Afr. J. Microbiol. Res. 7, 4015-4021. doi: 10.5897/AJMR12.2184

Sjolund-Karlsson, M., Reimer, A., Folster, J.P., Walker, M., Dahourou, G.A., Batra, D.G., et al. (2011). Mecanismos de resistência a medicamentos na estirpe do surto de Vibrio cholerae O1, Haiti, 2010. Emerg. Infect. Dis. 17, 2151-2154. doi: 10.3201/eid1711.110720

Slattery, M., Rajbhandari, I., e Wesson, K. (2001). Indução de antibióticos mediada por competição na bactéria marinha Streptomyces tenjimariensis. Microb. Ecol. 41, 90-96. doi: 10.1007/s002480000084

Solecka, J., Zajko, J., Postek, M., e Rajnisz, A. (2012). Metabólitos secundários biologicamente ativos de

Actinomicetos. Open Life Sci. 7, 373-390. doi: 10.2478/s11535-012-0036-1

Spellberg, B., e Shlaes, D. (2014). Priorização das necessidades atuais não atendidas para terapias antibacterianas.
Clin. Pharmacol. Ther. 96, 151-153. doi: 10.1038/clpt.2014.106

Sridevi, K., e Dhevendaran, K. (2014a). Avaliação de Streptomyces como probióticos contra a vibriose e gestão da saúde das larvas de camarão Macrobrachium rosenbergii. Afr. J. Microbiol. Res. 8, 3595-3603. doi: 10.5897/AJMR2014.6705

Sridevi, K., e Dhevendaran, K. (2014b). Análise genética da produção de antibióticos e outros traços fenotípicos de Streptomyces associados a algas marinhas. Afr. J. Biotechnol. 13, 2648. doi: 10.5897/AJB12.2296

Sridevi, K., e Dhevendaran, K. (2014c). Streptomycetes de algas marinhas: seu potencial antimicrobiano e antibiótico. Int. J. Appl. Biol. Pharm. 5, 74-79. URL: http://www.ijabpt.org/applied-biology/streptomycetes-from-marine-seaweeds-their- antimicrobial-andantibiotic-potential.pdf

Su, P., Wang, D.X., Ding, S.X., e Zhao, J. (2014). Isolamento e diversidade de genes biossintéticos de produtos naturais de bactérias cultiváveis associadas à esponja marinha Mycale sp. da costa de Fujian, China. Can. J. Microbiol. 60, 217-225. doi: 10.1139/cjm-2013-0785

Subramani, R., e Aalbersberg, W. (2012). Actinomicetos marinhos: uma fonte contínua de novos metabólitos bioativos. Microbiol. Res. 167, 571-580. doi: 10.1016/j.micres.2012.06.005

Sugita, H., Matsuo, N., Hirose, Y., Iwato, M., e Deguchi, Y. (1997). A estirpe NM 10 de Vibrio sp., isolada do intestino de um peixe costeiro japonês, tem um efeito inibitório contra Pasteurella piscicida. Appl. Env. Microbiol. 63, 4986-4989. URL: http://www.ncbi.nlm.nih.gov/pmc/articles/PMC168829/

Sugita, H., Ohta, K., Kuruma, A., e Sagesaka, T. (2007). Um efeito antibacteriano de Lactococcus lactis isolado do trato intestinal do peixe-gato Amur, Silurus asotus Linnaeus. Aquacult. Res. 38, 1002-1004. doi: 10.1111/j.1365-2109.2007.01765.x

Suguna, S. (2012a). Estudo antagónico de Streptomyces spp. isolados de peixes marinhos e o seu espetro antibiograma contra agentes patogénicos humanos e de peixes. Int. J. Pharm. Biol. Sci. Arch. 3, 622-626. URL: http://www.ijpba.info/ijpba/index.php/ijpba/article/view/685/467

Suguna, S. (2012b). Produção de probióticos a partir de Streptomyces sp. associados a peixes de água doce e sua avaliação de crescimento em Xiphorous helleri. Int. J. Pharm. Biol. Sci. Arch. 3. URL: http://www.ijpba.info/ijpba/index.php/ijpba/article/view/681/463

Suzer, C., Qoban, D., Kamaci, H.O., Saka, Firat, K., Otgucuoglu, O., et al. (2008). Bactérias Lactobacillus spp. como probióticos em larvas de dourada (Sparus aurata, L.): efeitos no desempenho do crescimento e nas actividades das enzimas digestivas. Aquaculture 280, 140-145. doi: 10.1016/j.aquaculture.2008.04.020

Syvitski, R.T., Borissow, C.N., Graham, C.L., e Jakeman, D.L. (2006). Dinâmica de abertura de anel da jadomicina A e B e dalomicina T. Org. Lett. 8, 697-700. doi: 10.1021/ol052814w

Tan, H.L., Chan, K.G., Pusparajah, P., Lee, L.-H., e Goh, B.H. (2016a). Gynura procumbens: Uma visão geral das actividades biológicas. Front. Pharmacol. 7, 52. doi: 10.3389/fphar.2016.00052

Tan, L.T.-H., Chan, K.-G., Lee, L.-H., e Goh, B.-H. (2016b). Bactérias Streptomyces como potenciais probióticos em aquacultura. Front. Microbiol. 7. doi: 10.3389/fmicb.2016.00079

Tan, L.T., Ser, H.L., Yin, W.F., Chan, K.G., Lee, L.H., e Goh, B.H. (2015a). Investigação dos potenciais antioxidantes e anticâncer de Streptomyces sp. MUM256 isolado do solo de mangue da Malásia. Front. Microbiol. 6, 1316. doi: 10.3389/fmicb.2015.01316

Tan, L.T.H., Lee, L.H., Yin, W.F., Chan, C.K., Abdul Kadir, H., Chan, K.G., et al. (2015b). Usos tradicionais, fitoquímica e bioatividades de Cananga odorata (Ylang-Ylang). Complemento baseado em evidências. Alternat. Med. 2015. doi: 10.1155/2015/896314

Tanaka, H., Koyama, Y., Awaya, J., Marumo, H., e Oiwa, R. (1975). Nanaomycins, novos antibióticos produzidos por uma estirpe de Streptomyces. I. Taxonomia, isolamento, caraterização e propriedades biológicas. J. Antibiot. (Tóquio) 28, 860-867. doi: 10.7164/antibiotics.28.860

Tendência, E.A., e De La Pena, L.D. (2001). Resistência a antibióticos de bactérias de viveiros de camarão. Aquaculture 195, 193-204. doi: 10.1016/s0044-8486(00)00570-6

Thakur, D., Bora, T., Bordoloi, G., e Mazumdar, S. (2009). Influência da nutrição e das condições de cultura para um crescimento ótimo e produção de metabolitos antimicrobianos por Streptomyces sp. 201. J. Mycol. Med. 19, 161-167. doi: 10.1016/j.mycmed.2009.04.001

Thirumurugan, D., e Vijayakumar, R. (2013a). Exploração de Actinobactérias marinhas produtoras de compostos antibacterianos contra agentes patogénicos de peixes isolados de ambientes menos explorados.
Asian J. Pharm. Res. 3, 75-78. URL: http://www.asianpharmaonline.org/pdf.php?j=2231-5691&vol=3&issue=3&ab=ab78

Thirumurugan, D., e Vijayakumar, R. (2013b). Um potente assassino bacteriano patogénico para peixes Streptomyces sp. isolado dos solos da região da costa leste, sul da Índia. J. Coastal Life Medicine 1, 175-180. doi: 10.12980/jclm.1.2013c1086

Thirumurugan, D., e Vijayakumar, R. (2015). Caracterização e elucidação da estrutura do composto antibacteriano de Streptomyces sp. ECR77 isolado da costa leste da Índia. Curr. Microbiol. 70, 745-755. doi: 10.1007/s00284-015-0780-3

Tran, H.D., Alam, M., Trung, N.V., Van Kinh, N., Nguyen, H.H., Pham, V.C., et al. (2012). Variante El Tor do Vibrio cholerae O1 multirresistente isolada no norte do Vietname entre 2007 e 2010. J. Med. Microbiol. 61, 431-437. doi: 10.1099/jmm.0.034744-0

Uddin, M., Mahmud, M., Anwar, M., e Manchur, M. (2013). Influência das condições de cultura para a produção óptima de metabolitos antimicrobianos por Streptomyces fulvoviridis. Jornal de Ciências Biológicas da Universidade de Chittagong 5, 63-75. doi: 10.3329/cujbs.v5i1.13371

Valan, A.M., Ignacimuthu, S., e Agastian, P. (2012). Actinomicetos de Ghats ocidentais de Tamil Nadu com suas propriedades antimicrobianas. Asian Pac. J. Trop. Biomed. 2, S830-S837. doi: 10.1016/s2221-1691(12)60320-7

Valli, S., Suvathi, S.S., Aysha, O.S., Nirmala, P., Vinoth, K.P., e Reena, A. (2012). Potencial antimicrobiano de espécies de actinomicetos isoladas do ambiente marinho. Asian Pac. J. Trop. Biomed. 2, 469-473. doi: 10.1016/S2221-1691(12)60078-1

Van Wezel, G.P., e Mcdowall, K.J. (2011). A regulação do metabolismo secundário de Streptomyces: novas ligações e avanços experimentais. Nat. Prod. Rep. 28, 1311-1333. doi: 10.1039/c1np00003a

Vasanthabharathi, V., Lakshminarayanan, R., e Jayalakshmi, S. (2011). Produção de melanina a partir de Streptomyces marinhos. Afr. J. Biotechnol. 10, 11224-11234. doi: 10.5897/AJB11.296

Verschuere, L., Rombaut, G., Sorgeloos, P., e Verstraete, W. (2000). Bactérias probióticas como agentes de controlo biológico em aquacultura. Microbiol. Mol. Biol. Rev. 64, 655-671. doi: 10.1128/mmbr.64.4.655-671.2000

Waldor, M.K., Tschape, H., e Mekalanos, J.J. (1996). Um novo tipo de transposão conjugativo codifica a resistência ao sulfametoxazol, trimetoprim e estreptomicina em Vibrio cholerae O139. J. Bacteriol. 178, 4157-4165. URL: http://www.ncbi.nlm.nih.gov/pmc/articles/PMC178173/

Wang, R., Yu, D., Yue, J., e Kan, B. (2016). Variações nos elementos SXT em cepas epidêmicas de Vibrio cholerae O1 El Tor na China. Sci. Rep. 6, 22733. doi: 10.1038/srep22733

Watve, M.G., Tickoo, R., Jog, M.M., e Bhole, B.D. (2001). Quantos antibióticos são produzidos pelo género Streptomyces? Arch. Microbiol. 176, 386-390. doi: 10.1007/s002030100345

Weber, T., Charusanti, P., Musiol-Kroll, E.M., Jiang, X., Tong, Y., Kim, H.U., et al. (2015). Engenharia metabólica de fábricas de antibióticos: novas ferramentas para a produção de antibióticos em actinomicetos. Trends Biotechnol. 33, 15-26. doi: 10.1016/j.tibtech.2014.10.009

Weinberg, E.D. (2004). Supressão da formação de biofilme bacteriano por limitação de ferro. Med. Hypotheses. 63, 863-865. doi: 10.1016/j.mehy.2004.04.010

Xu, X., Cheng, J., Wu, Q., Zhang, J., e Xie, T. (2016). Prevalência, caraterização e suscetibilidade a antibióticos de Vibrio parahaemolyticus isolados de produtos aquáticos de retalho no Norte da China. BMC Microbiol. 16, 1. doi: 10.1186/s12866-016-0650-6

Yang, S.S., e Ling, M.Y. (1989). Produção de tetraciclina com resíduos de batata-doce por fermentação em estado sólido. Biotechnol. Bioeng. 33, 1021-1028. doi: 10.1002/bit.260330811

Yang, S.S., e Wang, J.Y. (1996). Morfogénese, teor de ATP e produção de oxitetraciclina por Streptomyces rimosus em cultura em substrato sólido. J. Appl. Bacteriol. 80, 545-550. doi: 10.1111/j.1365-2672.1996.tb03255.x

Yim, G., Thaker, M.N., Koteva, K., e Wright, G. (2014). Biossíntese de antibióticos glicopeptídeos. J. Antibiot. (Tóquio) 67, 31-41. doi: 10.1038/ja.2013.117

You, J., Cao, L., Liu, G., Zhou, S., Tan, H., e Lin, Y. (2005). Isolamento e caraterização de actinomicetos antagónicos a Vibrio spp. patogénico de sedimentos marinhos próximos da costa. World J. Microb. Biot. 21, 679-682. doi: 10.1007/s11274-004-3851-3

You, J., Xue, X., Cao, L., Lu, X., Wang, J., Zhang, L., et al. (2007). Inibição da formação de biofilme de Vibrio por uma estirpe de actinomiceto marinho A66. Appl. Microbiol. Biotechnol. 76, 11371144. doi: 10.1007/s00253-007-1074-x

Zhanel, G.G., Dueck, M., Hoban, D.J., Vercaigne, L.M., Embil, J.M., Gin, A.S., et al. (2001). Revisão de macrólidos e cetolídeos: foco em infecções do trato respiratório. Drugs 61, 443498. doi: 10.2165/00003495-200161040-00003

Zhang, X.Y., He, F., Wang, G.H., Bao, J., Xu, X.Y., e Qi, S.H. (2013). Diversidade e atividade antibacteriana de actinobactérias cultiváveis isoladas de cinco espécies de corais gorgonianos do Mar da China Meridional. World J. Microbiol. Biotechnol. 29, 1107-1116. doi: 10.1007/s11274-013-1279-3

Zheng, Z., Zeng, W., Huang, Y., Yang, Z., Li, J., Cai, H., et al. (2000). Deteção de actividades antitumorais e antimicrobianas em actinomicetos associados a organismos marinhos isolados do Estreito de Taiwan, China. FEMS Microbiol. Lett. 188, 87-91. doi: 10.1111/j.1574- 6968.2000.tb09173.x

Zindel, S., Kaman, W.E., Frols, S., Pfeifer, F., Peters, A., Hays, J.P., et al. (2013). O inibidor de papaína (SPI) de Streptomyces mobaraensis inibe cisteína proteases bacterianas e é um antagonista do crescimento bacteriano. Antimicrob. Agents. Ch. 57, 3388-3391. doi: 10.1128/aac.00129-13

Zou, S., Xu, W., Zhang, R., Tang, J., Chen, Y., e Zhang, G. (2011). Ocorrência e distribuição de antibióticos nas águas costeiras da Baía de Bohai, China: impactos das descargas fluviais e das actividades de aquacultura. Environ. Pollut. 159, 2913-2920. doi: 10.1016/j.envpol.2011.04.037

Tabela 1. Diferentes fontes de Streptomyces com atividade anti-Vibrio.

Source of isolation	Country	Locations	Number of *Streptomyces* with anti-*Vibrio* activity isolated	The identified *Streptomyces* sp. with anti-*Vibrio* activity	References
Marine sediment	India	Andaman Island	6	*Streptomyces* sp. MKS-09 (*S. xantholiticus*) *Streptomyces* sp. MKS-13 (*S. aureofascicus*) *Streptomyces* sp. MKS-17 (*S. galtieri*) *Streptomyces* sp. MKS-24 (*S. vastus*) *Streptomyces* sp. MKS-35 (*S. galbus*) *Streptomyces* sp. MKS-39 (*S. rimosus*)	(Sahu et al., 2007)
		Sediment from coastal area of Thondi, Palk Bay (Lat. 9°45'N, Long. 79 °3'E)	1	*Streptomyces* sp. S8-08 (*S. albus* DQ333301.1 99%)	(Nithya and Pandian, 2010)
		Chennai coast	1	*Streptomyces* ECR3	(Pugazhvendan et al.,

area, Tamilnadu			2010)
Vellar Estuary, Tamilnadu	3	*Streptomyces* sp. F1 *Streptomyces* sp. F2 *Streptomyces* sp. F3	(Vasanthabharathi et al., 2011)
ns	1	*Streptomyces* sp. isolate 6	(KUAMR et al., 2012)
Royapuram, Muttukadu, Mahabalipuram seashores, Adyar estuary	2	*Streptomyces* sp. C11 *Streptomyces* sp. C12	(Valli et al., 2012)
Near-sea shore sediment from Palk bay, (Lat. 9 °44'10"N, Long. 79°10'45"E) Southeast coast of Thondi, Tamilnadu	1	*Streptomyces* sp. (99% S. fradiae BDMS1)	(Ganesan et al., 2013)

Visakhapatnam, India	1	*Streptomyces* sp. KS1908	(Kadiri et al., 2013)
Andaman and Nicobar Islands (11°38'42.8", 92°42'30.7")	5	*Streptomyces* sp. NIOT-VKKMA02 (100% *S. griseus*) *Streptomyces* sp. NIOT-VKKMA26 (100% *S. venezuelae*)	(Meena et al., 2013)
Bay of Bengal	1	*Streptomyces* sp. LCJ94	(Mohanraj and Sekar, 2013)
Bay of Bengal (Lat. 11°42'23.15"N, Long. 79°46'57.97"E)	1	*Streptomyces* sp. SS7	(Sivasankar et al., 2013)
Saltpan soil sample from Parangipettai Potnovo (Lat. 11°30'N, Long.	1	*Streptomyces* sp. DPTD215 (98% *S. noursei* AY999827)	(Dharumadurai et al., 2014)

	79°46'E) Cuddalore district, Tamilnadu			
	Versova coast, Mumbai (Lat. 19 °28'26.32"N, Long. 72°48'07.21"E)	1	*Streptomyces* sp. MVCS6 (KC292198)	(Sivaperumal et al., 2015)
	Versova coast, Mumbai (Lat. 19°08'26.12"N, Long. 72°48'07.41"E)	1	*Streptomyces* sp. MVSC13 (KC292199)	(Sivaperumal et al., 2014)
China	Submarine sediment from Sanya Bay (109°32'E, 18°11'N), northern South China sea	1	*Streptomyces* sp. SCSIO 01689 (98.3% *S. sanyensis*)	(Long et al., 2012)

	Sediment from shrimp farms Hainan Island, China Marine	7	*Streptomyces* sp. A03, A05 (*S. cinerogriseus* - majority antagonistic to *Vibrio* sp.) *Streptomyces* sp. A26, A42 (*S. griseorubroviolaceus*) *Streptomyces* sp. A41 (*S. lavendulae*) *Streptomyces* sp. A45 (*S. roseosporus*) *Streptomyces* sp. B15 (*S. griseofuscus*)	(You et al., 2005)
Vietnam	Sediment from shrimp culture pond in Thua Thien Hue	1	*Streptomyces* sp. A1 HM854225	(Hieu et al., 2011;Chau et al., 2014)
Korea	Seaweed rhizosphere and sediment (10m depth) from coast of Korea	1	*Streptomyces* sp. PK288-21 (99% *S. atrovirens* DQ026672.1)	(Cho and Kim, 2012)
Egypt	Coastal lagoon sediment from	1	*S. ruber* ERKH2	(Barakat and Beltagy, 2015)

		Sinai Peninsula			
	Cuba	Near-shore sediment from Matanzas, Villa Clara, Cienfuegos and Ciego de Avila, Central provinces of Cuba.	3		(Bernal et al., 2015)
	Australia	Queensland, (Lat. 21°43'09"S, Long. 149°25'54"E)	3	*Streptomyces* sp. CLS-28 *Streptomyces* sp. CLS-39 *Streptomyces* sp. CLS-45	(Das et al., 2010)
Mangrove sediment/ rhizophere soil/estuarines	India	Mangalavana, Narakkal, Puthuvyppu, (9°55'10°10'N and 76°10-76°20'E	ns	ns	(Rathnakala and Chandrika, 1999)
		Sundarbans, India and Bangladesh	ns	ns	(Arifuzzaman et al., 2010)

		Velar estury, Tamilnadu, India (lat. 11.4900°N Long.79.7600°E)	1	*Streptomyces* sp. MA7	(Mohana and Radhakrishnan, 2014)
		East coast region, Pichavaram mangrove forest (Lat. 11.43°N, Long. 79.77°E) Tamilnadu, India	2	*Streptomyces* sp. ECR64 *Streptomyces* sp. ECR77 (accession number KF158225) (*S. labedae*)	(Thirumurugan and Vijayakumar, 2013a) (Thirumurugan and Vijayakumar, 2013b) (Thirumurugan and Vijayakumar, 2015)
		Bonnie camp & Kalash, (Lat. 21°51'05.823" N, Long. 88°38'27.021" E) & (Lat. 22°00'25.599" N, Long. 88°42'13.948" E), Sundarbans, India	3	*Streptomyces* sp. SMS_7 (closely related to *S. tendae* ATCC19812[T]) *Streptomyces* sp. SMS_SU13 (96.59% similarity to *S. labelae* NBRC 15864[T], *S. variabilis* NBRC 12825[T], *S. erythrogriseus* LMG 19406[T]) *Streptomyces* sp. SMS_SU21 (99.75% similarity to *S. griseorubens* NBRC 12780[T])	(Sengupta et al., 2015)
Water sample	India	Aquaculture water from	4	ns	(Jayasudha et al., 2011)

		Vellore, Tamilnadu			
		Seawater from Visakhapatnam	1	*S. rochei* MTCC 10109	(Reddy et al., 2011)
Marine sponges	India	marine sponges (*Callyspongia diffusa, Mycale mytilorum, Tedania anhelans, Dysidea fragilis*) from Vizhinjam port, (Lat. 8°22'30"N, Long. 76°59',16"E) south west coast India.	10	*Streptomyces* sp. AQBCD03 *Streptomyces* sp. AQBCD11 *Streptomyces* sp. AQBCD24 *Streptomyces* sp. AQBMM35 *Streptomyces* sp. AQBMM49 *Streptomyces* sp. AQBTA66 *Streptomyces* sp. AQBDF81	(Selvakumar et al., 2010) (Dharmaraj and Sumantha, 2009;Dharmaraj, 2011)
		Kovalam coast, West coast of Kerala (8°23'N, 76°57'E).	ns	ns	(Nair et al., 2011)

	China	*Mycale* sp. from sea area of Gulei Port, Fujian, China (Lat. 23.74, Long. 117.59)	3	HNS054 (99% *S. labedae*) HNS049 (*S. microflavus*) HNS056 (*S. flaveus*)	(Su et al., 2014)
	Egypt	Red Sea	1	*Streptomyces* sp. HC9 (accession number JQ929061) 97% *Streptomyces rochei* SBPL-21	(ElAhwany et al., 2015)
Marine corals	India	Mucus of coral, *A. digitifera* from Hare Island (9°12'N,79°5'E), Gulf of Mannar, Tamilnadu	6	*Streptomyces* sp. CA3 (99.8% *S. akiyoshiensis* FJ486367.1) *Streptomyces* sp. CA4 (96.7% *Streptomyces* sp. EU523135.1) *Streptomyces* sp. CA5 *Streptomyces* sp. CA9 *Streptomyces* sp. CA15 *Streptomyces* sp. CA18 (96.7% *Streptomyces* sp. EU523135.1)	(Nithyanand et al., 2011)
	China	Gorgonian coral (*E. aurantiaca, M. squamata, M.*	3	*Streptomyces* sp. ZXY018 *Streptomyces* sp. ZXY077	(Zhang et al., 2013)

		flexuosa, S. suberosa, V. umbraculum) from Sanya coral reef conservation (18°11'N, 109 °25'E), South China sea		*Streptomyces* sp. ZXY090	
		Lu Hui Tou fringing reef	3	SCSIO 11527 (*S. fimicarius* ISP5322 100%)	(Li et al., 2014)
				SCSIO 11469 (*S. rutgersensis* NBRC 12819 100%)	
				SCSIO 11531 (*S. variabilis* NBRC 12825 99.859%)	
				SCSIO 11717 (*S. viridodiastaticus* NBRC 13106 100%)	
Fishes	India	Ornamental fish, *Chaetodon callare* (red tail butterfly), *Archamia fucata* (orange-lined cardinal) from Vizhinkam port,	7	AQBCC06 AQBCC 20 AQBCC 24 AQBCC 40 AQBCC 51	(Sheeja et al., 2011)

India		AQBCC 54	
Vizhinjam port, (8°22'30"N, 76 °59'16"E) southwest coast of India		AQBCC 75	
Marine - *Epinephelus diacanthus* (grouper), estuarine - *Oreochromis mossambicus* (tilapia), fresh-water - *Cyprinus carpio* (common carp) from Vizhinjam, Veli, Centre for Aquatic and Research Extension	ns	*Streptomyces* sp.	(Deepa et al., 2012)
Red snapper from Tamilnadu	ns	ns	(Suguna, 2012a)

Source	Country	Habitat/substrate	No.	Isolates	References
Sea plants and animals in the intertidal zones	China	Shark (*Mustelus manazo*) local market, marine plant animal - sea hare (*Aplysia dactylomela*), sea anemone (*Actiniaria*) and sea plant (*Ulva lactuca, Enteromorpha, Gracilaria verrucosa*) from Xiamen Island	5	*Streptomyces* sp. A4 *Streptomyces* sp. A9 *Streptomyces* sp. A16 *Streptomyces* sp. A18 *Streptomyces* sp. A29	(Zheng et al., 2000)
Marine algae/seeweeds	India	Intertidal rocky surfaces of Muttom coast, south west coast of india (Lat. 8°7'15"N, Long. 77°1'E)	25	AQB.SKKU 8 (*S. coelicolor*) AQB.SKKU 10 (*S. autotrophicus*) AQB.SKKU 18 (*S. pedanensis*) AQB.SKKU 20 (*S. deccanensis*) AQB.SKKU 25 (*S. vinaceus*) AQB.SKKU 37 (*Streptomyces* nov. sp.)	(Sridevi and Dhevendaran, 2014c) (Sridevi and Dhevendaran, 2014b;a)
Terrestrial soil	Iran	Grassland, orchards,	1	*Streptomyces* sp. 419	(Bonjar, 2004)

sediment		vegetable fields from Kerman, Hormozgan, Sistan and Baloochestan, south and south east provinces of Iran			
	India	Rhizosphere soil from Shikaripura, Karnataka	3	SRDP-S-03 SRCP-S-05 SRDP-2-30	(Dileep et al., 2013)
		Rhizosphere soil from Thirthahalli, Shivamogga, Karnataka, India	1	SRDP-07	(Kekuda et al., 2013)
		Similipal Biosphere Reserve (21°28' to 22°08' N, 86°04' to 86°37' E)	1	*Streptomyces* sp. SS2	(Mohanta and Behera, 2014)
		Forest soils from Western Ghats	3	*Streptomyces* sp. ERI-1	(Arasu et al., 2014) (Valan et al., 2012)

	Source	No.	Species	Reference
	region, Kanyakumari District (Lat. 8°03' to 8°35'N, Long. 77°15' to 77°36' E)		*Streptomyces* sp. ERI-3 *Streptomyces* sp. ERI-26	
Thailand	Agricultural soil from Sakonnakhon Province	1	*Streptomyces* sp. No.87	(Charoensopharat et al., 2008)
Chile	Desert soil (Salt falt, zero vegetation cover, hyper-arid) from Atacama desert (Salar de Atacama, Laguna de Chaxa) (23°17'S, 68°10'W)	1	Streptomyces leeuwenhoekii sp. Nov. C34^T DSM42122 16SrRNA KF733382	(Rateb et al., 2011)
	Chili field soil from Chittagong,	1	*Streptomyces* sp. MU9	(Uddin et al., 2013)

| | | Bangladesh | | | |
| Terrestrial plant | Australia | Snakevine plant (*Kennedia nigriscans*) from Aboriginal community of Manyallaluk, SE of Katherine, Nothern Territory (14°16'352" S, 132°49'750"E) | 1 | *Streptomyces* sp. NRRL30562 | (Castillo et al., 2002) |

*ns – not specified

Tabela 2. Composição de meios de produção selecionados e condições de fermentação utilizadas para a produção de metabolitos secundários em Streptomyces sp. com atividade anti-Vibrio.

| Parameters | Studies that utilized mixture of complex and simple carbon and nitrogen sources[#] | | | | | | | | | | | | | |
Composition (% w/v)[*]	1	2	3	4	5	6	7	8	9	10	11	12	13	14
Glucose					1			0.4	2			0.5		0.2
Soluble starch	2	0.5	0.5	1	1	1			0.5	1	0.1	2		
Glycerol				1	1		1						1	
Myo-inositol							0.04							
Malt extract								0.4						
Soybean	2		0.5						0.5		0.1	1.5		
Casein		0.03		0.03						0.03				
Cornsteep powder					1									
Polyeptone					0.5									
Peptone						0.2			0.2					
Yeast extract					0.2	0.4		0.4	0.2			0.25		0.3
L-tyrosine													0.05	
L-asparagine													0.1	
MSG							0.5							

79

$CaCO_3$		0.002		0.002	0.32		0.025			0.002		0.1		0.004
$NaCl$		0.2	0.05	0.2	0.1		0.05			0.2			0.05	0.08
NaF							0.0084							
NH_4Cl							0.15							0.1
KBr						0.01								
KCl														0.01
KH_2PO_4			0.05	0.2			0.2	0.05	0.2				0.05	0.001
KNO_3	0.1	0.2		0.2					0.2	0.005				
$FeSO_4$		0.001		0.001		0.004	0.0025		0.001					
$MgSO_4$		0.005	0.05	0.005			0.05	0.05	0.005				0.05	0.02
$CoCl_2$							0.001							
$ZnSO_4$							0.001							
Seawater	+	+	-	-	-	-	-	+	+	+	+	+	+	-
pH	7.5	ns	ns	7.2	7.4	8	7	7.2	7.4	7.0±0.2	ns	7.5	7	7
Temperature (ºC)	27	28	28	29	30	ns	28	28	28	28	27	28	28	28

* A percentagem de cada composição foi calculada utilizando: p/v% = (peso do soluto (g)/volume do meio (mL))×100

1 - Meio de soja (Mohana e Radhakrishnan, 2014), 2 - Caldo de caseína amido (Dharumadurai et al., 2014), 3 - Meio de caldo GsB (Mohanraj e Sekar, 2013), 4 - Meio de caseína glicerol/amido (Bonjar, 2004), 5 - Caldo de produção (Kadiri et al, 2013), 6 - Meio A1BFe (Cho e Kim, 2012), 7 - Meio definido (Rateb et al., 2011), 8 - Caldo de fermentação (Li et al, 2014), 9 - Meio R2A (Long et al., 2012), 10 - Caldo de caseína amido (Meena et al., 2013), 11 - Caldo de farinha de soja (Mohanta e Behera, 2014) 12 - Caldo de fermentação (Zheng et al, 2000) 13 - Meio de produção de melanina (Sivaperumal et al., 2014;Sivaperumal et al., 2015),14 - Caldo de fermentação - (Dharmaraj e Sumantha, 2009;Selvakumar et al., 2010;Dharmaraj, 2011;Nair et al., 2011;Sheeja et al., 2011)

Tabela 3. Comparação da atividade *anti-Vibrio* de *Streptomyces* de diferentes fontes ambientais.

Source of isolation	Median of inhibition zone (mm)
Terrestrial soil	18.00 (n = 7)
Marine sediment and water	15.01 (n = 10)
Mangrove soil	21.00 (n = 3)
Marine organisms	18.00 (n = 8)

Tabela 4. Efeito do carbono, azoto e NaCl na atividade *anti-Vibrio* dos metabolitos *de Streptomyces*.

Media composition (concentration range, w/v %)	Median of Inhibition zone (mm)		Percentage of changes in anti-*Vibrio* activity (%)
	Absence	Presence	
Carbon sources			
Starch (0.32 - 2)	15.03 (n = 16)	20 (n = 10)	Increased by 33.07
Glucose (0.2 - 2)	17.40 (n = 18)	16 (n = 9)	Decreased by 8.05
Glycerol (0.12 - 1)	17.40 (n = 20)	18 (n = 8)	Increased by 3.45
Nitrogen sources			
Yeast extract (0.3 - 1)	16 (n = 16)	19 (n = 8)	Increased by 18.75
Casein (0.03 - 1)	16 (n = 15)	17.4 (n = 10)	Increased by 8.75
Ammonium salts, NH_4^+ (0.0001 - 0.12)	16.4 (n = 18)	18 (n = 5)	Increased by 9.75
Nitrate salts, NO_3^- (0.2)	16 (n = 16)	18 (n = 7)	Increased by 12.50
Others			
NaCl (0.05 - 1.2)	17 (n = 8)	18 (n = 16)	Increased by 5.88

Tabela 5. O efeito de diferentes composições e das condições de fermentação na atividade *anti-Vibrio* dos metabolitos *de Streptomyces*.

Parameters	Concentration (w/v %) / Range	Median of inhibition zone (mm)
NaCl	0.05	15.02 (n = 2)
	0.08	30.00 (n =3)
	0.20	19.00 (n = 8)
	> 0.20	15.00 (n = 3)
K$_2$HPO$_4$	0.001	30.00 (n = 3)
	0.01 - 0.05	16.52 (n = 4)
	0.2	20.00 (n = 1)
pH	7	15.03 (n = 7)
	7.1 – 7.3	18 (n = 5)
	> 7.3	22.5 (n = 2)
Temperature (°C)	< 28	16.4 (n = 2)
	28	20 (n = 12)
	30	15 (n = 7)

Tabela 6. Compostos bioactivos identificados a partir de *Streptomyces* sp. que apresentam actividades *anti-Vibrio*.

Source	Compounds	Antibacterial activity	References
Ethyl acetate of *Streptomyces rosa* var. *notoensis*	Nanaomycin A (1)	MIC: 6.3µg/mL against *V. alginolyticus* 138-2 MIC: 3.1µg/mL against *V. parahaemolyticus* K-1	(Hayashi et al., 1982)
	Nanaomycin D (2)	MIC: <0.05 µg/mL against *V. alginolyticus* 138-2 MIC: <0.05 µg/mL against *V. parahaemolyticus* K-1	
Methylene chloride extract of endophytic *Streptomyces* sp. NRRL30562 derived from plant, *Kennedia nigriscans*	Munumbicin B (3)	16mm against *V. fischeri* PIC345	(Castillo et al., 2002)
	Munumbicin C (4)	9mm against *V. fischeri* PIC345	
	Munumbicin D (5)	12mm against *V. fischeri* PIC345	
Methanol extract of desert soil-derived *Streptomyces* sp. C34	Chaxalactin A (6)	MIC: 12.5µg/mL against *V. parahaemolyticus*	(Rateb et al., 2011)

Source	Compound	Activity	Reference
	Chaxalactin B (7)	MIC: 20µg/mL against *V. parahaemolyticus*	
	Chaxalactin C (8)	MIC: 12.5µg/mL against *V. parahaemolyticus*	
Acetone extract of *Streptomyces atrovirens* PK288-21 derived from marine seaweeds	2-hydroxy-5-(3-methylbut-2-enyl)benzaldehyde (9)	MIC: 20µg/mL against *V. harveyi* MIC: 65µg/mL against *V. anguillarum*	(Cho and Kim, 2012)
	2-hepta-1,5-dienyl-3,6-dihydroxy-5-(3-methylbut-2-enyl)benzaldehyde (10)	MIC: 32µg/mL against *V. harveyi* MIC: 65µg/mL against *V. anguillarum*	
Acetone extract of *Streptomyces* sp. K01-0509	Guadinomine B (11)	IC_{50}: 14nM potent type III secretion system (T3SS) inhibitor	(Holmes et al., 2012)
Ethyl acetate extract of *Streptomyces* sp. SCSIO 01689 derived from submarine	Pyranosesquiterpene compound (12)	MIC: >100µg/mL against *V. anguillarum*	(Long et al., 2012)

sediment

Cyclo(D)-Pro-(D)-Ile **(13)**	MIC: 0.05µg/mL against *V. anguillarum*
Cyclo(D)-Pro-(D)-Leu **(14)**	MIC: 0.04µg/mL against *V. anguillarum*
Cyclo(D)-trans-4-OH-Pro-(D)-Phe **(15)**	MIC: 0.07µg/mL against *V. anguillarum*

Tabela 7. As composições do meio de fermentação e as condições de fermentação extraídas dos estudos revistos sobre *Streptomyces* com atividade *anti-Vibrio*.

Parameters	Compositions	Concentration % (w/v)/ Units	Number of studies performed fermentation (n = 31)	Percentage (%)
Carbon sources	**Complex carbon source only**			
	• Starch	0.1	1	
		0.5	2	
		1	2	
	• Sugarcane	1	1	
	• Yeast extract	5	1	
			Total = 7	22.6
	Readily utilizable carbon source only			
	• Glucose	0.2	5	
	• Glycerol	1	2	
	• Glycerol, myoinositol	1, 0.04	1	

			Total = 8	25.8

Mixture of both complex and readily utilizable

• Starch, glucose	2, 1	1	
• Starch & glycerol	1	1	
• Glycerol, starch, glucose	1,1,1	2	
• Malt extract, glucose	0.4, 0.4	1	
		Total = 5	16.1

Media used by studies w/o specify the composition

• Starch casein broth	-	5
• Potato dextrose broth		1
• Arginine glycerol broth		1
• Glycerol asparagine broth		1
• ISP2		1

Nitrogen sources			
	• Soybean meal medium		1
	• Actinomycetes isolation medium		1
		Total = 11	35.5
Nitrogen sources	**Complex nitrogen source only**		
	• Soybean	0.2	1
		0.5	1
	• Tryptone, yeast extract	1, 5	1
	• Peptone, yeast extract	0.2, 0.4	1
	• Soybean, yeast extract	1.5, 0.25	1
	• Polypepton, yeast extract, corn steep liqour	0.5, 0.2, 0.1	1
	• Soybean meal, peptone, yeast extract	0.5, 0.2, 0.2	1
	• Malt extract, yeast extract	0.4, 0.4	1
	• L-tyrosine, L-asparagine	0.05, 0.1	2
		Total = 10	32.3
	Mixture of both complex and readily utilizable		
	• Soybean, KNO_3	0.1, 0.005	1
	• Casein, KNO_3	0.03, 0.2	3

• Yeast extract, NH$_4$Cl	0.3, 0.1	5	
• MSG, NH$_4$Cl	0.5, 0.15	1	
		Total = 10	32.3
Media used by studies w/o specify the composition			
• Starch casein broth	-	5	
• Potato dextrose broth		1	
• Arginine glycerol broth		1	
• Glycerol asparagine broth		1	
• ISP2		1	
• Soybean meal medium		1	
• Actinomycetes isolation medium		1	
		Total = 11	35.5
Phosphate K$_2$HPO$_4$	0.001	5	
	0.05	4	
	0.2	3	
		Total = 12	38.7

Salt	NaCl	0.05	3	
		0.08	5	
		0.1	1	
		0.2	3	
		1	1	
			Total = 13	41.9
pH		7	9	
		7.2	1	
		7.4	1	
		7.5	2	
		8	1	
		Not specified	17	
			Total = 31	
Temperature (ºC)		23	1	
		25	1	

27	2
28	13
29	1
30	5
32	1
35	1
26-30	1
28-32	1
Not specified	4
	Total = 31